U0078011

圖解AWS雲端服務

Amazon Web Services

西村泰洋 [著]

SHOEISHA

關於書籍附件

本書準備了相關附件：Lambda 函數範例的圖 8-4「顯示 DynamoDB 的資料」，與第 8 章操作的「加載並顯示 S3 的檔案」。請按照下列方法取得，幫助自己進一步學習。

書籍附件的取得方式

請前往下列網址下載：

網址：http://books.gotop.com.tw/download/ACN037700

※ 書籍附件的相關權利屬於作者與翔泳社股份有限公司，未經許可不得發布、轉載至其他網站。

※ 書籍附件可能無預警停止，還請各位諒解。

図解まるわかり AWS のしくみ
(Zukai Maruwakari AWS no Shikumi: 7470-9)
© 2022 Yasuhiro Nishimura
Original Japanese edition published by SHOEISHA Co.,Ltd.
Traditional Chinese Character translation rights arranged with SHOEISHA Co.,Ltd.
through JAPAN UNI AGENCY, INC.
Traditional Chinese Character translation copyright © 2023 by GOTOP INFORMATION INC.

如今,直接於線上利用資訊系統、伺服器、網路服務等 IT 資源的雲端,儼然成為 IT（資訊科技）的代名詞。

AWS（Amazon Web Services）堪稱世界一流的雲端供應商,是知名網路電商 Amazon.com 所主導的服務,對象主要是企業組織,當然個人也可使用。

本書將會解說企業組織適用的 AWS 服務,同時顧及個人使用情況,包含下列常見的基本服務,讓初次接觸 AWS 與雲端的人也能夠輕鬆理解。

- **AWS IAM** ……管理使用者
- **Amazon EC2** ……運算（伺服器）
- **Amazon S3** ……儲存體
- **Amazon VPC** ……網路服務
- **Amazon RDS** ……資料庫
- **AWS Lambda** ……無伺服器環境

當然,除了上述內容外,也會解說先進技術、AWS 所需的相關運用、資訊安全等各種服務。

本書將會介紹 AWS 雲端服務的便利性、易用性,並著墨稍微艱深的注意事項、技術方面的知識,內容會比既有的入門書籍更具實踐性;官網也有準備 Lambda 函數的範本,供各位讀者下載利用。

期望各位能夠將由本書獲得的 AWS 等雲端服務知識,實際應用於商場上。

2022 年 5 月 西村 泰洋

目 錄

第 **1** 章　開始使用 AWS
～世界一流的雲端服務～ 15

第 **2** 章 雲端運用的基礎知識
~事前應該準備的事情~
45

第 **4** 章　使用 Amazon S3
～具有雲端特色的儲存服務～
109

第 **5** 章 **雲端的相關技術**
～從雲端業者的角度出發～
131

第 7 章 使用 RDS 與 DynamoBD
～各種資料庫與分析服務～

183

第 8 章 AWS 的先進服務
～先進技術與熱門服務～

第 9 章 安全與監控
～使用者、成本、安全、監控等的管理～

開始使用 AWS

～世界一流的雲端服務～

》 何謂 AWS ?

Amazon Web Services

AWS 是 Amazon Web Services 的簡稱。

由美國知名網路電商 Amazon.com，根據架設、運用線上商業系統的知識技術所提供的雲端運算服務。AWS 是全球最大型的雲端運算服務，知名到甚至很多人以為，雲端就是 AWS。

雲端（cloud）原意為雲朵，以此為符號簡單表達網際網路的概念。

登場人物包括提供服務的業者、利用服務的企業組織和個人，之後在第 2 章和第 5 章也會解說雲端的基本內容。而由亞馬遜雲端業者提供的雲端服務，就統稱為 AWS（圖 1-1）。

本書後續將會從企業組織的系統切入，討論 AWS 的相關操作方法，並舉出個人也可體驗的範例。

雲端業者的成員

亞馬遜是世界級的雲端供應商，**其他巨頭供應商還有微軟（Microsoft）和 Google**。而 IBM、富士通、NTT Communications、SoftBank 等，緊追於這些大供應商之後（圖 1-2）。再更深入探討的話，還可舉出 Salesforce、中國阿里巴巴等業者。

日本由亞馬遜、微軟雙雄稱霸，之後的排名宛若戰國時代經常輪替。

掌握雲端、AWS 的意象後，下一節來討論 AWS 的實際內容。

圖 1-1　　　　　　　　　　　　　　雲端的登場人物

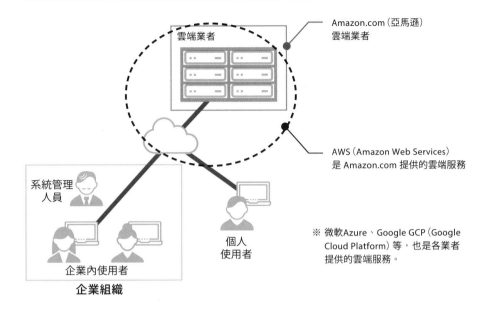

雲端業者

Amazon.com（亞馬遜）
雲端業者

AWS（Amazon Web Services）
是 Amazon.com 提供的雲端服務

系統管理
人員

個人
使用者

企業內使用者

企業組織

※ 微軟Azure、Google GCP（Google
Cloud Platform）等，也是各業者
提供的雲端服務。

圖 1-2　　　　　　　　　　　　　　主要的雲端業者

世界級的巨頭供應商

日本國內的大型供應商

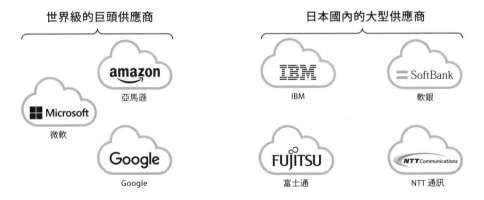

amazon
亞馬遜

Microsoft
微軟

Google
Google

IBM
IBM

FUJITSU
富士通

SoftBank
軟銀

NTT Communications
NTT 通訊

● 亞馬遜、微軟、Google 堪稱世界級的雲端巨頭供應商
● IBM 能擠進世界前五大供應商
● 日本國內由亞馬遜、微軟雙雄稱霸，第 3 名以後的排名經常輪替

Point

🖉 AWS 是 Amazon Web Services 的簡稱，是知名網路電商 Amazon.com 提
供的雲端服務

🖉 媲美亞馬遜的雲端業者還有微軟和 Google

» 廣大的雲端服務

由多個資料中心提供服務

AWS 等雲端服務,是企業組織、個人連網存取簽約的伺服器等 IT 資源,業者端並無實體設備。

雖說如此,完全不了解對方也說不過去,下面就來討論大型雲端業者的樣態。

AWS 是世界級規模的雲端服務,是以美國為中心,在全球主要國家、地區設置專用的基礎設施,如圖 1-3。

這類基礎設施稱為資料中心,各由巨大的專用建築物所構成。鑑於資訊安全,亞馬遜未公開各個資料中心的詳細位置,但每座資料中心的規模光伺服器就超過 1 萬台。而資料中心的相關細節,可見 **2-4**。

使用者自行選定

利用大型雲端業者的服務時,往往都要使用者自行完成相關操作。AWS 使用者可經由 **AWS 管理主控台**,**「自選」建立、設定**部署世界各地的資料中心,與內部的伺服器、儲存體、軟體等 IT 資源。

自行選定是 AWS、多數雲端服務的標配,這部分會在第 2 章更深入討論。當然,企業在架設系統的時候,也有請求 AWS 技術人員支援、委由 IT 供應商、雲端業者的做法,但**個人利用時基本上得自行處理**(圖 1-4)。

不懂得如何操作的人不需要擔心,本書將在第 2 章解說。

圖 1-3

世界級的雲端服務 AWS

- AWS 是世界最大型的全球雲端基礎設施
- 2022 年 4 月時已於全球 26 個地區部署基礎設施，預計陸續拓展其他區域
  （參考資料：https://aws.amazon.com/tw/what-is-aws/）

- 地理區域(參見2-2)
- 即將公開

使用者

AWS 管理主控台

- 透過 AWS 管理主控台等，使用者可進行各種操作
- 除了美國區域外，使用者可視需要選擇日本、其他地區的 IT 資源
- 預設的地理區域為美國

圖 1-4

個人利用雲端服務時得自行完成作業

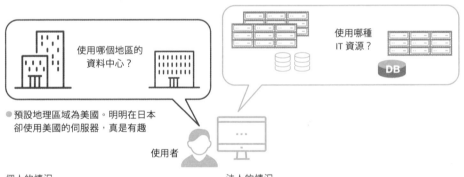

使用哪個地區的資料中心？

使用哪種 IT 資源？

DB

使用者

- 預設地理區域為美國。明明在日本卻使用美國的伺服器，真是有趣

個人的情況
- 自行選定資料中心、IT 資源
- 基本上得自行完成建立、設定等作業

法人的情況
- 通常交由內部人員處理
- 也可委由 IT 供應商、雲端供應商代勞

IT 供應商　：除了雲端服務外，也支援架設、監控系統的供應商
雲端供應商：專門支援架設監控雲端系統的供應商

Point

✎ AWS 是由部署在全球主要國家、地區的資料中心所提供的超巨大服務

✎ 個人利用雲端服務的時候，使用者基本上得自行完成 IT 資源選定、設定作業等

核心服務的概念

由 AWS 服務切入

除了主要使用者「企業組織」之外，AWS 亦可供隸屬法人的個人準備、學習之用。

AWS 的解決方案分為使用案例、產業、組織類型三種頁面，下面分別列舉常見的範例（圖 1-5）：

使用案例 …… 存檔、備份與還原、雲端遷移及網站等

產業 ………… 廣告、汽車、CPG（Consumer Packaged Goods）、教育、製作、零售、金融、能源及政府機關等

組織類型 …… 企業、新創公司及公共部門

根據企業組織的業態、IT 需求，實際上可進一步細分。若**本身已有明確的利用場景和使用方式**，也可由個別的服務選單，專門列出要採用的雲端產品（圖 1-6）。

由使用案例、雲端產品切入

例如，零售業的 IT 部門，可選用「零售服務」；經營多年的商務企業，可選用「企業服務」；上雲既存系統、檢討線上販售時，也可依情況選擇對應的服務。

無論何種產業，皆可如圖 1-5 右邊的使用案例切入。身邊常見的網站系統，或第 3 章以後將介紹的 Amazon EC2、S3 等服務，則可由圖 1-6 的雲端產品頁面進一步檢討相關細節。

圖 1-5 AWS 的解決方案頁面

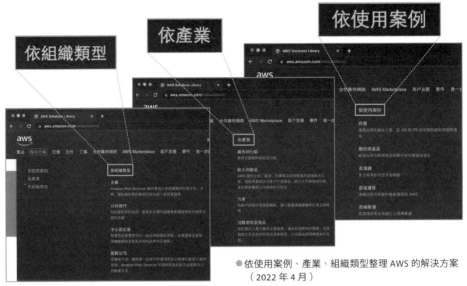

● 依使用案例、產業、組織類型整理 AWS 的解決方案
（2022 年 4 月）

網址：https://aws.amazon.com/tw/solutions/

圖 1-6 AWS 的雲端產品頁面

● AWS 的雲端產品頁面（網址：https://aws.amazon.com/tw/products/）

● 列舉了知名的 Amazon EC2、Amazon S3 等服務

Point

🖊 由解決方案可知，AWS 網羅了多樣雲端服務

🖊 若本身已有明確的使用時機，可由使用案例、雲端產品切入檢討

》 核心服務的特色

IT 應用相關的全方位產品

1-3 以企業組織的商務、業務為中心，概述 AWS 的解決方案和服務。本節將會由雲端產品（AWS 中個別的雲端服務。又稱為產品、雲端相關產品）為觀點，討論核心服務的特色。

AWS 雲端服務主要包含下列 IT 應用的全方位產品（圖 1-7）：

● **IT 資源的產品群**

運算（伺服器）、儲存體、資料庫、網路服務、最終使用者運算（用戶端）等

● **系統開發運用所需的產品群**

分析、開發人員工具、管理工具、資訊安全等

● **商業應用程式、最新技術**

特定的商業應用程式、AI、物聯網等

各項產品分別取以 Amazon XX 為名，目前已經發布超過 200 種以上的服務。

服務的特色

每項服務**皆有詳盡的選擇項目，能夠滿足各種不同的需求**。

不論是先從小型專案切入後再擴大規模，還是直接選擇短期利用，AWS 的各項服務皆能夠事後調整，應付各種情況（圖 1-8）。

圖 1-7 AWS 雲端產品的概要

IT 資源的產品群

● 運算（伺服器）
例）Amazon EC2、Amazon ECS

● 儲存體
例）Amazon S3、Amazon EBS

● 資料庫
例）Amazon RDS、Amazon DynamoDB

● 網路服務
例）Amazon VPC

● 最終使用者運算（用戶端）
例）Amazon WorkSpaces、
Amazon WorkLink

系統開發運用所需的產品群

● 分析
例）Amazon Athena、
Amazon Redshift

● 開發人員工具
例）AWS Cloud9、AWS CodeBuild

● 管理工具
例）Amazon CloudWatch、
AWS Billing and Cost Management

● 資訊安全
例）AWS IAM、AWS Cognito

商業應用程式、最新技術

● 特定的商業應用程式
例）Amazon Connect（呼叫中心適用）

● AI
例）AWS AI

● 物聯網
例）AWS IoT

● IT 應用相關的全方位產品
● IT 資源、系統開發運用、應用程式、
最新技術等，可分開來個別檢討
● 彼此能夠搭配利用

圖 1-8 可擴展的服務特色

小型專案

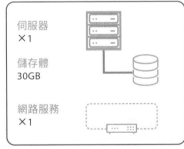

伺服器
×1

儲存體
30GB

網路服務
×1

● 可靈活地擴展調整
● 臨時短暫的利用也可流暢處理

可流暢地
擴展調整

大型專案

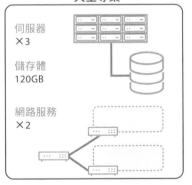

伺服器
×3

儲存體
120GB

網路服務
×2

Point

✎ AWS 提供 200 種以上的 IT 相關全方位服務

✎ 服務的特色包括詳盡的選擇項目、可擴展調整

》 受歡迎的理由

可免費使用的服務

AWS 免費方案是 AWS 廣受歡迎的原因之一，一般又稱為試用優惠。首次創建帳戶的人，在完成註冊後的 12 個月期間，可免費利用部分服務。實際上，使用免費 AWS 服務的人多為企業組織中負責 IT 職務的工程人員、新進人員等，可一整年免費使用核心服務是相當難得的優惠（圖 1-9）。

雖然無法使用所有服務，僅可使用核心服務的部分功能，但已足以應付事前確認操作方法、效能測試與評鑑、實際建立小型系統等要求。

有些服務可能會超過免費的用量額度或需要進階的功能，使用免費方案時，需要留意相關限制。

可利用最新技術

除了可免費使用各種服務外，受歡迎的理由還有，**可以相對完整的形式使用複雜的最新技術**。

例如，AI、物聯網、容器技術、行動應用程式、大數據等，可立即試用數位轉型時代常耳聞的先進技術（圖 1-10）。若想要自行實踐這類技術，光伺服器端的環境架設就需要龐大的準備作業。然而，採用 AWS 可避免繁雜的步驟，直接運用先進技術。

另外，就法人的立場而言，AWS 雲端服務有別於舊系統，使用時不受限於 IT 設備維護等過去的規範。

圖 1-9　建立免費帳戶的頁面

沒有特別限制，任誰都可利用 AWS。

建立免費帳戶時
所需的東西

電子郵件地址

密碼

AWS 帳戶名稱

● 搜尋「AWS 免費方案」後顯示的頁面
（網址：https://aws.amazon.com/tw/free/）

2022 年 4 月時有三種免費方案

● 免費使用 …… Amazon Lightsail（取得網路伺服器所需的全部項目，3 個月）、Amazon SageMaker（適用開發人員的機器學習，2 個月）
● 免費 12 個月 …… 可利用 Amazon EC2、Amazon S3、Amazon RDS、其他核心服務
● 永久免費 …… Amazon SNS、Amazon Lambda（根據事件執行您的程式碼，每月有 100 萬次請求）等等

圖 1-10　利用最新技術

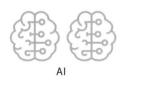
AI

容器技術

物聯網

行動應用程式

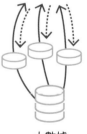
大數據

常見以相對完整的形式，使用數位轉型的先進技術

Point

🖉 長時間的免費方案是 AWS 雲端服務受歡迎的理由之一

🖉 可相對容易地利用複雜的最新技術，也是其受歡迎的原因之一

≫ 從系統架設到監控,樣樣俱備

系統監控

如 **1-4** 所述,AWS 有提供運算、儲存體、資料庫、網路服務等 IT 資源。

另外,AWS 也可利用正夯的最新技術,造成人們傾向關注於如何建置系統。然而,相較於系統架設,後續的監控更需要**長期投注心力**。

監控營運、穩定運行系統的管理、修復故障時情況等,皆是系統操作上的重要業務。

對大型雲端業者來說,雲端服務的監控又稱為 IT 服務控制,如圖 1-11,包含基礎設施管理、系統管理、個別使用者管理等。

同樣地,AWS 也是由系統後端監控,並提供由使用者端確認情況的服務。

AWS 的監控服務

Amazon CloudWatch 是控管 AWS IT 資源的服務,監視並管理各項資源,如 CPU 使用率、儲存用量、網路服務的利用情況等。這些都是系統監控中的基本項目(圖 1-12)。

當數值達到設定的閾值時,AWS 等雲端服務會**通知負責人員、自動調整資源**。

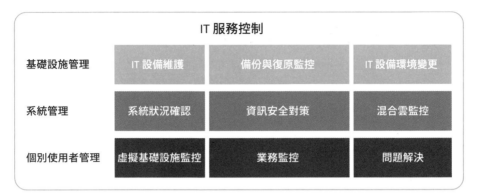

| 圖 1-11 | 大型雲端業者共通的 IT 服務控制 |

IT 服務控制

基礎設施管理	IT 設備維護	備份與復原監控	IT 設備環境變更
系統管理	系統狀況確認	資訊安全對策	混合雲監控
個別使用者管理	虛擬基礎設施監控	業務監控	問題解決

- 主要由基礎設施管理、系統管理、個別使用者管理等三個階層所構成
- 由使用者端來看，有時未必能夠如此整理

| 圖 1-12 | **Amazon CloudWatch** 的概要 |

**主要由四項功能所構成，
可實踐系統監控與穩定運行的系統**

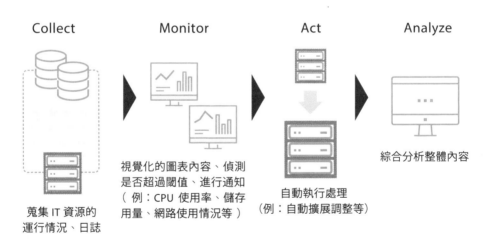

Collect　　　　Monitor　　　　Act　　　　Analyze

蒐集 IT 資源的
運行情況、日誌

視覺化的圖表內容、偵測
是否超過閾值、進行通知
（例：CPU 使用率、儲存
用量、網路使用情況等）

自動執行處理
（例：自動擴展調整等）

綜合分析整體內容

Point

✐ 系統監控是完成架設後，需要長期投注心力的工作

✐ 故障時，AWS 等雲端服務會通知負責人或自動調整資源

» 使用 AWS 時所需的東西

首次使用時所需要的資訊

看完前面的內容,各位有掌握雲端服務 AWS 的基本概念嗎?

實際利用的時候,首先得建立帳戶。

法人、個人同樣都要先有 AWS 帳戶,語言選擇「中文」後,輸入下列登入時所需要的資訊(圖 1-13)。

- **電子郵件地址**
- **密碼**
- **AWS 帳戶名稱**

建議先準備好這些資訊。

其他所需的資訊

在確認身分的頁面驗證後,繼續填寫企業或者個人使用、電話號碼、國家、住址、郵遞區號等內容,完成五個註冊步驟(圖 1-14),並且填寫**信用卡號碼等帳單資訊**。儘管選擇免費方案,但**使用後仍然有可能超出免費方案的額度,為保障使用者和 AWS 雙方的權益,填寫帳單資訊是必要的手續**。筆者起初也打算使用免費方案,因此沒有輸入信用卡資料,但實際使用後,卻因為未做足功課而收到帳單,這個失敗經驗留到之後章節分享。此外,驗證時會以電話號碼確認是否為本人,因此不太可能冒充他人身分註冊。

圖 1-13 建立 AWS 帳戶

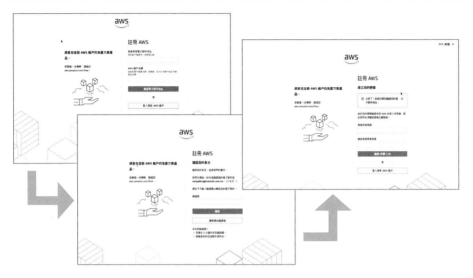

● 搜尋「AWS 建立帳戶」等關鍵字,進入 AWS 的註冊頁面

圖 1-14 建立 AWS 帳戶時所需的資訊

● 在左側頁面選擇企業或者個人使用,並輸入電話號碼、國家、住址、郵遞區號等資訊

● 可搜尋「AWS 建立帳戶」、「AWS 建立帳戶的流程」等關鍵字,以進入註冊頁面

在 AWS 官方網站有說明建立帳戶的五個步驟
(沒有中英頁面)

(網址:https://aws.amazon.com/jp/register-flow)

步驟 1:建立 AWS 帳戶(圖 1-13)

步驟 2:輸入聯絡資訊(如左側)

步驟 3:輸入帳單資訊

步驟 4:以簡訊或者語音電話確認身分

步驟 5:選擇 AWS 支援方案
(欲免費使用的人選擇基本支援)

Point

🖊 建立 AWS 帳戶時,需要電子郵件地址、密碼、AWS 帳戶名稱

🖊 即使只使用免費方案,也要輸入信用卡號碼等帳單資訊

» 兩種不同的使用者

根使用者與 IAM 使用者

無論是法人還是個人，前面建立的帳戶即為該組織、個人的專用帳戶。

使用者帳戶分成兩種：根使用者和 IAM 使用者（Identity and Access Management）。

在 AWS 的登入頁面，需要選擇根使用者或者 IAM 使用者（圖 1-15），兩者權限並不相同。

● **根使用者（root user）**

具備所有權限的高階使用者，建立帳戶後，不建議以根使用者來操作。

● **IAM 使用者**

以 IAM 使用者執行平時的操作，建議依個人細分權限。

需注意，前面建立的帳戶基本上均為根使用者，不包括 IAM 使用者。

建立並新增使用者的基本作法

企業通常採用的作法是，以根使用者建立擁有最高管理權限的 IAM 使用者，再以該 IAM 使用者新增其他的 IAM 使用者帳戶。如圖 1-16 所示，新增的 IAM 使用者**可依個人、任務，劃分最低限度的權限**。建立 IAM 使用者的範例可見 **4-7**。

圖 1-15 AWS 的登入頁面

- AWS 登入頁面的截圖，可勾選根使用者（左圖）和 IAM 使用者（右圖）

- 根使用者需要輸入電子郵件地址，IAM 使用者需要輸入帳戶 ID 等資訊

- 通常不會以根使用者操作，建議直接新增 IAM 使用者

圖 1-16 新增使用者的基本作法

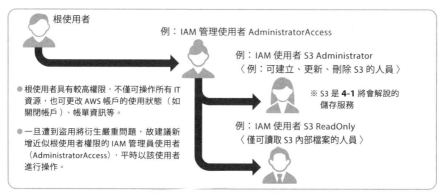

根使用者

例：IAM 管理使用者 AdministratorAccess

例：IAM 使用者 S3 Administrator
〈例：可建立、更新、刪除 S3 的人員〉

※ S3 是 **4-1** 將會解說的儲存服務

例：IAM 使用者 S3 ReadOnly
〈僅可讀取 S3 內部檔案的人員〉

- 根使用者具有較高權限，不僅可操作所有 IT 資源，也可更改 AWS 帳戶的使用狀態（如關閉帳戶）、帳單資訊等。

- 一旦遭到盜用將衍生嚴重問題，故建議新增近似根使用者權限的 IAM 管理員使用者（AdministratorAccess），平時以該使用者進行操作。

- 上圖以 S3 儲存服務為例，但其他 IT 資源也會依各種權限、任務區分使用者，如系統開發、監控或單純使用等

- 先建立所需的使用者數量，劃分各種不同權限，再視需要檢討是否調高權限、新增使用者

- 企業等通常採用上述作法，即使是個人獨自使用，仍然建議新增 IAM 使用者
（若僅有單獨一人的話，根使用者、IAM 管理使用者等皆為同一人）

Point

🖉 AWS 使用者分為根使用者和 IAM 使用者，建議以 IAM 使用者為操作

🖉 IAM 使用者通常會依個人、任務來增加數量

≫ AWS 的定價

付費方案

AWS 提供各式各樣的 IT 資源和服務,使用時基本上按用量計費。

按用量計費是雲端服務常見的收費方式,使用者以 IT 資源用量支付相關費用。

相較於自行準備伺服器、儲存體等情況,按用量計費具有明顯的優勢。

自行準備的時候,就算對於要求的性能、容量預留一定的餘裕,但隨著運算資料的增加,勢必得額外添購實體設備,準備起來相當辛苦。然而,若採用雲端服務的話,僅需要添增用量、最低限度的 IT 資源即可,擴展調整時不必安排實體設備,也不用苦惱後續的閒置問題(圖 1-17)。

各項 IT 資源的收費方式不同

根據 IT 資源的特性,實際的計費方式和定價基礎會有所不同

例如,伺服器是按使用時間乘以單價收費;儲存體是按使用容量、存取用量收費。網路服務的定價方式跟伺服器等服務不一樣(圖 1-18)。

另外,AWS 基本上採用隨需求定價(On Demand),按每單位時間的需求來收費,但也有新增 Spot、Saving Plans 等附帶限制的優惠方案。

若預計大量使用各項服務、IT 資源,不妨事先查詢優惠方案。

圖 1-17　　　　　　　　　　　雲端使用的優點

按用量計費

容易擴縮用量規模

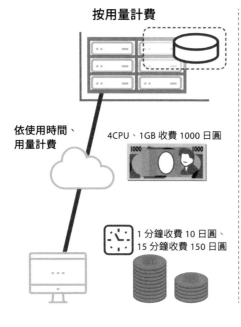

依使用時間、
用量計費

4CPU、1GB 收費 1000 日圓

1GB

10GB

2CPU

4CPU

1 分鐘收費 10 日圓、
15 分鐘收費 150 日圓

可從操作選單頁面簡單
擴大、縮小資源規模

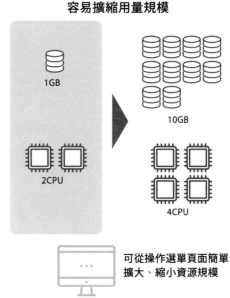

圖 1-18　　　　　　　　　各項 IT 資源的計費方式

伺服器

- 使用時間 × 單價等
- Amazon EC2 小型伺服器等，每小時平均收費 0.01 美元

儲存體

- 使用容量、存取用量達到一定額度之前不用收費
- Amazon S3 每 10GB 收費 0.25 美元、每次存取收費 0.005 美元

網路服務

- 跟伺服器、儲存體的定價方式不一樣
- Amazon VPC 基本上免費使用，VPN 連線等會按時間收費

- AWS 採用隨需定價，按每單位時間的需求來收費
- 其他還有 Spot 等附帶限制的優惠方案

Point

- AWS 採取按用量收取費用的從量計費，這是大型雲端服務常見的定價方式
- 根據 IT 資源的特性，定價方式有所不同

≫ 收費管理

確認帳單資訊

使用者付費,但利用服務時,鮮少有人會一筆一筆地記錄所有使用時間,如昨天使用 8 小時的雲端服務、今天使用 6 小時等,多數人都是直接討論某段期間的用量。

AWS 內有帳單資訊和成本管理的頁面(儀表板),可由該處確認帳單內容、各項服務的細節等。

另外,Cost Explorer 可分析相關成本的詳細使用情況;AWS Budgets 可設定並管理預算(圖 1-19)。搭配這類服務可定期確認使用情況和其衍生的成本,查看是否超出預算金額。

使用時注意成本管理

實際使用 AWS 後,就會了解成本管理的重要性。

下面來分享個人的失敗經驗。筆者選擇 12 個月的免費方案架設網路伺服器,並實際用來測試網路應用程式等。平時即有留意免費方案的有效期限,在到期前兩個月停用執行個體(instance)。原本心想這樣就不會收到帳單,卻在停用執行個體 1 個月後收到請款單。幾經查證後,得知是網站專用的 IP 地址設定為彈性 IP 位置的費用(圖 1-20)。雖然實際僅支付數美元的費用,但若事前有理解彈性 IP 地址的計費方式,按預算設定提示警訊通知、定期查看成本管理頁面的話,理應不需要花費一毛錢或者控制在更低的費用。

上述是小規模、短期利用的失敗經驗,支付的請款金額不大,但若是大型系統的話,情況可就非同小可了。**今後準備使用的人,請務必留意帳單、成本管理。**

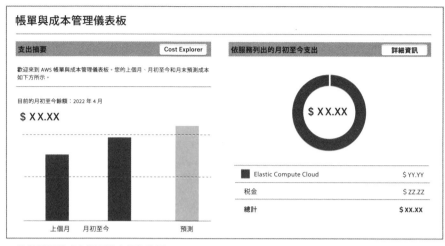

圖 1-19　帳單與成本管理頁面的示意圖

帳單與成本管理儀表板

支出摘要　　　　　　　　　　　　Cost Explorer

歡迎來到 AWS 帳單與成本管理儀表板。您的上個月、月初至今和月末預測成本如下方所示。

目前的月初至今餘額：2022 年 4 月

$ XX.XX

上個月　　月初至今　　　　預測

依服務列出的月初至今支出　　　　詳細資訊

$ XX.XX

■ Elastic Compute Cloud		$ YY.YY
稅金		$ ZZ.ZZ
總計		$ xx.xx

※參考帳單與成本管理儀表板的簡圖

圖 1-20　未徹底進行成本管理～筆者的失敗經驗～

AWS

● 用來測試的免費方案網路伺服器（執行個體）
● 彈性 IP 地址（網路伺服器需要指定 IP 地址）

網際網路

This e-mail confirms that your latest billing statement, for the account ending in xxxx,
is available on the AWS web site. Your account will be charged the following:

Total: $1.42

You can see a complete break down of all charges on the Billing & Cost Management page located here:

https://　・・・

● 以免費方案利用網路伺服器（執行個體）

● 停止使用網路伺服器（執行個體）。心想已在免費範圍內完成，日後卻收到 AWS 的請款帳單！

● 前往 AWS 查證後，得知問題出在彈性 IP 地址。與執行個體綁定時為免費使用，但僅留下彈性 IP 地址時變成需要收費

Point

✎ AWS 內有管理帳單與成本的服務

✎ 利用 AWS 時，建議事前確認怎麼前往帳單資訊頁面、可查看哪些內容（借鏡筆者的失敗經驗！）

» AWS 的連線環境

雲端通常採用網路連線

不僅限於 AWS，雲端服務**基本上採取線上使用**。因此，使用者端的環境必須可連接網際網路。

例如，個人從自家連線 AWS 的時候，通常是經由簽約的 ISP（Internet Service Provider：網路服務供應商）伺服器前往 AWS 的網站、IT 資源。企業組織則需要使用虛擬私人網路 VPN（Virtual Private Network）、專用線路等，施以必要的安全對策後，再從工作場所等地點連線（圖 1-21）。

而登入的身分可為系統管理員及一般使用者，兩者連線 AWS 的具體步驟也有所差異。

若登入身分為管理員的話，無論是個人還是企業組織內，跟一般使用者不同，需要施以特別的安全對策來連線。管理員可進入 AWS 的 IT 資源的後端操作，故一般會設定成僅允許特定人物連線。關於這個部分，詳情請見 **3-12**。

以專用線路連線的情況

多數人是經由網際網路連線 AWS，但由企業內部系統、伺服器連線 AWS 內部系統、伺服器等時，可能採用電信公司等提供的專用線路，以便確保通訊性能、資訊安全（圖 1-22）。

因此，AWS 的連線方式大致分為網路連線和專用線路。

圖 1-21 以網路連線 AWS 的例子

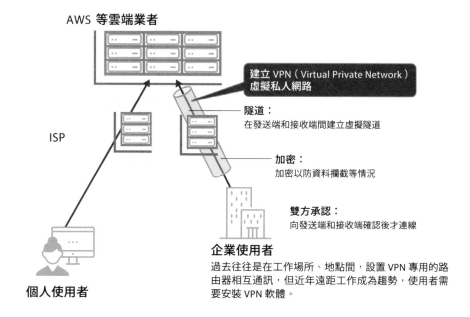

AWS 等雲端業者

建立 VPN（Virtual Private Network）虛擬私人網路

隧道：
在發送端和接收端間建立虛擬隧道

ISP

加密：
加密以防資料攔截等情況

雙方承認：
向發送端和接收端確認後才連線

企業使用者
過去往往是在工作場所、地點間，設置 VPN 專用的路由器相互通訊，但近年遠距工作成為趨勢，使用者需要安裝 VPN 軟體。

個人使用者

圖 1-22 使用專用線路的例子

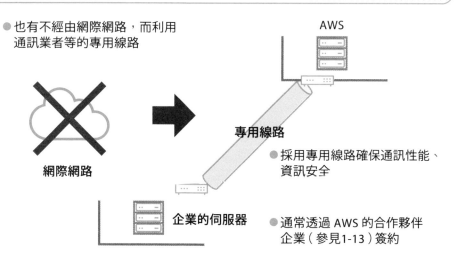

● 也有不經由網際網路，而利用通訊業者等的專用線路

AWS

網際網路

專用線路

● 採用專用線路確保通訊性能、資訊安全

企業的伺服器

● 通常透過 AWS 的合作夥伴企業（參見1-13）簽約

Point

🖉 一般是經由網際網路連接雲端服務

🖉 由其他系統連線 AWS 系統時，也有利用通訊業者等的專用線路

≫ 與 AWS 類似的服務

三大巨頭供應商

與 AWS 類似的雲端服務,還有微軟的 **Azure** 和 Google 的 Google Cloud Platform(**GCP**)。亞馬遜、Google、微軟為 IT 業界的雲端龍頭企業,**三大巨頭供應商**即是指這三間公司。

它們在世界各個主要區域,分別擁有雲端服務專用的資料中心等據點,除了從事跨足全球的服務外,亦提供具壓倒性用戶數的大型服務(圖 1-23)。

三大巨頭供應商的特色

亞馬遜起初為大型網路電商,Google 則提供電子郵件及其他個人服務,微軟經營舊稱 MSN 的大型網路服務,三間公司的發展歷程相似,皆是擁有全球數億使用人口的個人用戶服務,資料處理量龐大。除此之外,三者皆提供相當全面的免費服務。

除了提供法人適用的服務外,個人適用的服務也經營得有聲有色,採取先促使個人成為使用者,再拉攏其所屬的法人也成為用戶的策略。超大型個人服務的經驗、長期的免費方案等,是其他 IT 供應商難以望其項背的優勢(圖 1-24)。

另外,巨頭供應商各自的特色分別為,AWS 提供多樣服務與先進開發環境的雲端執行個體;GCP 提供**致力於先進技術的個人、企業服務**;Azure 提供**與微軟的產品、服務流暢串接的生態**。

圖 1-23　　　　　　　　　　　　三大巨頭供應商

在雲端供應商當中，
亞馬遜，微軟，Google 堪稱三大巨頭供應商

亞馬遜

微軟

Google

三者的共通點如下：

- 在世界主要地區設置雲端服務的據點，從事跨足全球的服務
- 提供具壓倒性用戶數的大型服務

圖 1-24　　　　三大巨頭供應商特有的經驗與長期的免費方案

超大型個人服務的經驗

亞馬遜
- 大型網路電商
- 全球擁有壓倒性的用戶數
  （推估用戶將近 10 億人口）

Google
- 大型電子郵件服務等
- 全球擁有壓倒性的用戶數
  （推估用戶超過 15 億人口）

微軟
- 過去在全球發展 MSN 等大型網路服務

+ 長達 12 個月的免費使用期間

- 其他IT供應商、雲端業者難以望其項背的經驗與服務

Point

- 在 IT 業界中，亞馬遜、Google、微軟堪稱雲端服務的三大巨頭供應商

- GCP 致力於先進技術；Azure 提供與微軟的產品、服務流暢串接的生態，各自具有不同的特色

» 持續擴展的 AWS 應用

結合 AWS 合作夥伴網路的長處

如前所述，AWS 逐漸成為雲端服務的標準。亞馬遜在 IT 業界屬於後進者，但與其他大型 IT 企業一樣有著眾多的合作夥伴。AWS 將其統稱為 AWS 合作夥伴網路（APN），當中也有大型 IT 企業與亞馬遜成為合作夥伴，建立販售 AWS 的關係。

例如，跟富士通、IBM 等通訊業者簽約，同樣也可利用 AWS 的服務。

有鑑於此，即便是大規模的系統，**也可先委託大型 IT 供應商架設系統，再將成品放到 AWS 上提供利用，截取合作夥伴的長處**（圖 1-25）。

當作 SaaS 實作基礎的 AWS

AWS 有許多以 SaaS 為實作基礎的服務。例如，以低程式碼開發與工作流管理系統聞名、近年蔚為話題的 intra-mart，即採用 AWS 提供雲端版本；以 BPM 聞名的 Pega，同樣也利用 AWS 發布雲端版本。

由這些例子可知，發布既有軟體產品的雲端版本時，比起使用自家公司的雲端環境，更傾向以 AWS 為基礎來提供（圖 1-26）。當然，在這類 SaaS 服務的案例，銷售、開發軟體的原企業皆有加入 AWS 合作夥伴網路。

如前面的舉例，利用其他公司的產品，近年愈發平常。許多軟體的雲端版本，紛紛採用 AWS 來提供產品。產品是 AWS 的應用，乍看難以察覺，但卻默默地加速擴展。

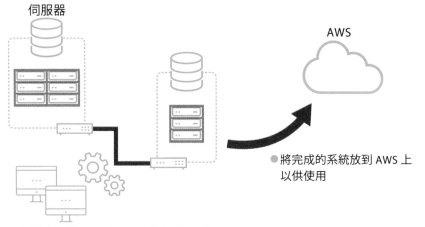

圖 1-25　　截取長處的示意圖

伺服器

AWS

● 將完成的系統放到 AWS 上以供使用

● 委託富士通、IBM 等 IT 供應商架設系統

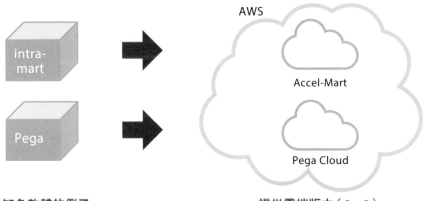

圖 1-26　　SaaS 的 AWS 應用

AWS

intra-mart　→　Accel-Mart

Pega　→　Pega Cloud

知名軟體的例子　　　提供雲端版本（SaaS）

● 順應數位轉型的潮流，知名的軟體產品也開始提供雲端版本（SaaS）。
● 雖然本身帶有各家公司特有的名稱，但實際上多是由 AWS 提供服務。

Point

✎ AWS 擁有合作夥伴網路，可經由 IT 供應商簽約利用

✎ AWS 逐漸用來當作 SaaS 的實作基礎

≫ 熟悉 AWS 用語、網站

熟悉 AWS 用語的重點

如同第 3 章的 Amazon EC2、第 4 章的 Amazon S3 等，AWS 服務皆會取獨特的名稱。

整體而言，如同 **Amazon XX、AWS XX**，正式名稱前面會冠上 Amazon 或者 AWS。第一線工程人員平時溝通時，比起 Amazon EC2、Amazon S3 等冗長的完整名稱，**偏好使用後半簡短的字詞**，如「EC2（EC two）」、「S3（S three）」等（圖 1-27）。

閱覽網站時的心得

閱覽 AWS 官方網站，尤其是研讀說明文件的時候，常會碰到難以理解的文字敘述，第 3 章以後會逐漸碰到這類文章。Google 的 GCP 等官方網站亦同，是制式化的翻譯，難以理解。

儘管如此，筆者仍建議**在建立、設定 IT 資源的時候，一字一句仔細研讀，以防操作錯誤，至於服務解說等內容，大致掌握意思即可，或者將 AWS 用語換成常用字來閱讀**。例如，如圖 1-28 摘要內容來理解，可稍微輕鬆地閱讀大量的文字。

圖 1-27　　　　　　　　　　　　熟悉 AWS 用語

雲端產品名稱 （服務名稱）	正式名稱	俗稱
Amazon EC2	Amazon Elastic Compute Cloud	EC2
Amazon S3	Amazon Simple Storage Service	S3
Amazon VPC	Amazon Virtual Private Cloud	VPC
Amazon RDS	Amazon Relational Database Service	RDS
AWS Lambda	同左	Lambda

- Compute Cloud 有兩個 C，故簡稱為 EC2；同理，Simple Storage Service 有三個 S，故簡稱為 S3
- EC2 也可稱為 AWS EC2 等
- 由於全名過於冗長，第一線人員幾乎不會使用正式名稱

圖 1-28　　　　　　　　　　　　幫助閱讀的重點

截自　┌ 檔案伺服器的 ┐
　　　└ 雲端架構與評估範例 ┘

一般說法如下：

> 在 Amazon EC2 上安裝 Linux 或者 Windows 作業系統，藉由結合儲存服務 Amazon EBS（作業系統／資料區域）與 Amazon S3（備份區域），包含安全政策、權限管理、安全驗證等，在雲端環境建構、運行跟地端環境一樣的檔案伺服器。

在 Amazon 虛擬伺服器安裝 Linux 或者 Windows 作業系統，藉由結合虛擬伺服器用的儲存體與備份用的儲存體……

AWS 用語：
Amazon EC2 ： Amazon Elastic Compute Cloud
Amazon EBS ： Amazon Elastic Block Storage
Amazon S3 ： Amazon Simple Storage Service

- AWS 的獨特用語需要熟悉一下
- 習慣之後就沒有大礙

Point

🖉 僅需要記住 Amazon XX、AWS XX 的第二個字詞即可

🖉 AWS 官網上常會遇到難以理解的內容，建議仔細閱讀需要逐字了解的部分，其餘則大致瀏覽來掌握概要

嘗 試 看 看

AWS 的入口網站

利用 AWS 雲端服務時，需經由瀏覽器連接 AWS 網站。

此專欄將會示範如何登錄 AWS 的網站。

最簡單的方法，是在 Google、Yahoo! 等搜尋引擎輸入關鍵字「AWS」。

在搜尋引擎輸入關鍵字

AWS	🔍

如此一來，會顯示以 https://aws.amazon.com 為開頭的 AWS 廣告頁面、網站，或者於最頂端列出 AWS 免費方案等搜尋結果。或可直接鍵入網址 https://aws.amazon.com/。

從簡介頁面建立帳戶

點擊搜尋結果的連結，會顯示 AWS 的簡介頁面，或者如圖 1-9 的免費方案頁面。

欲利用服務的人得先訪問這類頁面，點擊頁面中的註冊按鈕後，跳轉至圖 1-13 的建立帳戶頁面。

可先嘗試上述的操作步驟。

第 2 章

雲端運用的基礎知識

～事前應該準備的事情～

≫ 從事前準備到使用服務

構想系統的概要

各位應該已經在第 1 章大致理解 AWS。

雖然 AWS 是可立即使用的系統、服務，但仍要事前規劃欲實踐的內容。建議先構想預計架設的簡單系統架構。例如，預計建立數百位職員平時利用的業務系統。

若採用自行保管 IT 資源的地端部署型態，大型設備的系統得設於如東京總部電算中心、資料中心等，資訊系統部門管理的建築物、房間。除了需要總部、各個據點可流暢存取的網路設備，伺服器也得準備相應功能的正式系統和備用系統，可按照一般案例、過往經驗來架構系統的基礎設施（圖 2-1）

將概要轉成文件

上述內容**如何在雲端或者 AWS 上操作，需要事前整理並轉成文件**。一般會先設計架構再整理成邏輯架構圖，具體描述系統的設置場所、據點，以及如何架設網路設備、伺服器、儲存體（圖 2-2）。然後，據此建立、設置所需的 IT 資源，**完成 AWS 上的準備作業**。

雲端、AWS 的服務既不用其他系統來管理目標系統，也不需要自家公司監控，非常方便。

圖 2-1 地端部署的架構概要

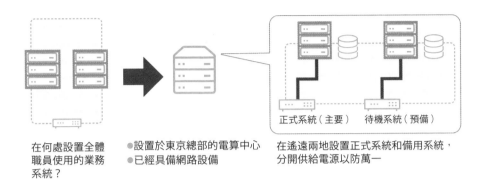

正式系統（主要） 待機系統（預備）

在何處設置全體
職員使用的業務
系統？

●設置於東京總部的電算中心
●已經具備網路設備

在遙遠兩地設置正式系統和備用系統，
分開供給電源以防萬一

● 按照過往經驗、設備狀況，決定地端部署的系統

圖 2-2 落實簡易的邏輯架構圖

地端和雲端部署通用的邏輯架構圖
（設想某企業的東京總部，將主要和
備份系統設置於總部的電算中心）

【東京總部的電算中心】

雲端部署的架構圖
（預計上雲的簡易範例）

【AWS 的東京區域】

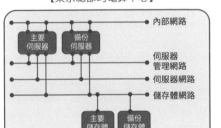

● 左圖是以簡易邏輯架構圖建立地端系統的例子

● 右圖是將同樣系統架構換成 AWS 地理區域（參見 2-3）、可用區域（參見 2-3）的例子

● 右圖是 AWS 等雲端服務常見的示意範例，如直接製作右邊的架構圖

Point

✎ 使用雲端前建議先設計簡單的架構，及規劃欲實踐的系統和服務

✎ 列出邏輯架構圖所需的文件內容，來完成雲端運用的準備作業

≫ 利用的資料中心地區

在何處設置 IT 資源？

如前所述，利用 AWS、雲端時得先規劃架構，需要討論在何處設置系統的據點，如圖 2-1 以東京總部的電算中心為例，因過半數的職員都是由此存取系統，或串接其他的系統。

利用 AWS 等大型雲端服務的時候，得決定**使用哪個地區的 IT 資源**。AWS 的地區稱為地理區域（Region），該詞已逐漸成為常見的雲端用語。

需要留意的是，若未進行 AWS 的地區設定，則會直接預設為美國區域。

圖 2-3 等案例適用亞太地區的東京區域，**雲端服務要明確意識使用哪個地理區域的 IT 資源**。提供的服務內容也會因地理區域而異，使用前務必確認清楚。

有些複雜的備用系統

一般會選擇離使用者最近的地理區域，但存有重要資料的系統，其備用系統（備援）不可依樣畫葫蘆，如同災難復原（disaster recovery）策略，為了**發生大規模災難時仍可沿用系統**，備用系統要考慮設置於其他地區（圖 2-4）。

此外，**雲端保管的資料也有相關法規限制**，得審慎選擇地理區域，相關細節可見 2-12。

圖 2-3 地理區域的設定

● 此例的業務系統主要用於東京，
　且不需使用海外伺服器，故適用
　「亞太區域（東京）」

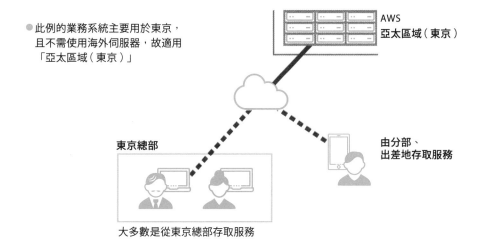

AWS
亞太區域（東京）

東京總部

由分部、
出差地存取服務

大多數是從東京總部存取服務

圖 2-4 在何處設置備用系統（備援）？

東京總部電算中心

正式系統（主要）　備用系統（備援）

正式系統和備用系統設於同一場所的例子
（新式系統鮮少如此部署）

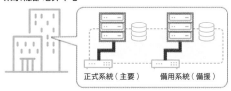

備用系統設於大阪

正式系統設於東京

正式系統和備用系統設於遙遠兩地的例子
（為預防大災難等如此部署）

東京總部電算中心

資料中心

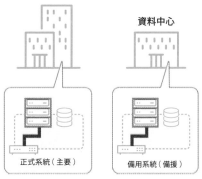

正式系統（主要）

備用系統（備援）

正式系統和備用系統設於不同場所的例子
（新式系統大多如此部署）

Point

✎ 地理區域選定是使用 AWS、雲端時的重要項目

✎ 根據各種觀點決定備用系統的地理區域

» 使用地理區域中的哪個設備？

不同的實體設備

決定好地理區域後,要選擇地理區域中的可用區域(Availability Zone:AZ)。

日本國內的 AWS 服務分為東京區域和大阪區域,**東京區域又包含 AZ-A、AZ-C 等不同的邏輯資料中心**。

如同東日本區域和西日本區域、東京可用區域和橫濱可用區域等關係,AWS 以外的雲端業者,對地理區域和可用區域也有不同的表達方式(圖 2-5)。

可用區域與備用系統關係

使用較大規模的系統時,必須討論選擇哪個可用區域。

如 **2-1** 舉例的企業總部位於東京、據點位於東京周邊,則備用系統大多設於東京區域中其他的可用區域。

若大阪是僅次於東京總部的最大分部,則備用系統也可選擇置於大阪區域。地震豪雨等災難、電力通訊服務(電力公司、NTT 東西規格不同)異常等,都會造成各種問題,而系統停止會影響商務營業額,故**各企業得根據過往的經驗,選擇地理區域、可用區域**(圖 2-6)。這個部分在災難復原、BCP(Business Continuity Plan:商業連續性計畫)也有提及,雲端運用比過往更加重視備援思維。

圖 2-5　地理區域和可用區域的概念

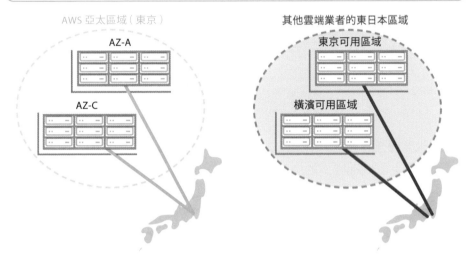

地理區域、可用區域的意義因雲端業者而異

圖 2-6　根據備用系統的思維改變可用區域

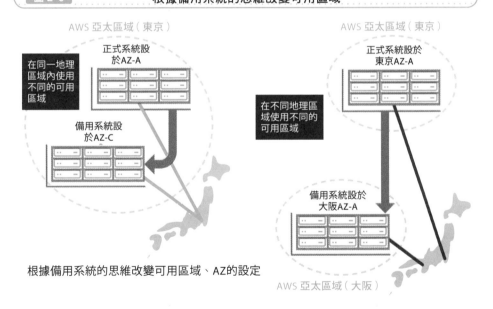

根據備用系統的思維改變可用區域、AZ的設定

Point

✐ 地理區域和可用區域的關係，好比東京地理區域具有多個不同設備的可用區域

✐ 根據備用系統的思維，選擇相異的地理區域、可用區域

≫ 專用的建築物

何謂資料中心?

前面解說了備用系統和可用區域的關係。一直討論備用的話題,可能讓人誤以為資料中心的建築物、設備不夠牢靠。實際上,大型雲端業者、AWS 的可用區域、資料中心,都是由專用的建築物、設備所構成。

由主要的建設公司、IT 供應商組成的日本資料中心協會(JDCC:Japan Data Center Council),將資料中心定義為集結分散的 IT 設備,組成可有效率運行的專用設施,設置網路伺服器、資料通訊、固定 IP 電話、行動 IP 電話等裝置的建築物總稱(圖 2-7)。

資料中心的特色

資料中心是運用 IT 資源的專用建築物,此外還有下列特色:

- 強大的防災結構

- 耐震結構、避震結構、耐燃結構

- 自家發電設備、防落雷對策

- 充實的網路設備與安全防護

- 多個實體的網路導管

- 嚴格的進出管理、設備管理(圖 2-8)

資料中心的進出管理比一般企業更為嚴格。

圖 2-7　資料中心的概念

資料中心是集結分散的 IT 設備，組成可有效率運行的專用設施，設置網路伺服器、資料通訊、固定 IP 電話、行動 IP 電話等裝置的建築物總稱

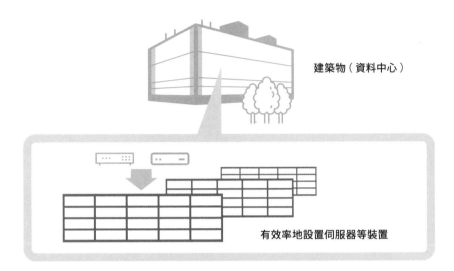

建築物（資料中心）

有效率地設置伺服器等裝置

圖 2-8　嚴格的進出管理

一般辦公室即便採用 IC 晶片管制進出，也難以防止尾隨其後的「可疑人士」進入設施

資料中心嚴防可疑人士的對策

接待櫃檯、大門有人監視

單人艙式移動
（一次僅進入一人的單人艙）

IC 晶片卡、攝影機、生物辨識等，搭配多重驗證方式

許多國外的資料中心，得於接待櫃檯抵押個人證明文件（護照、駕照等）才允許進入

此外，也有資料中心的伺服器機架，設置了特殊裝置、生物辨識來開關

Point

✐ 大型雲端業者的資料中心是由專用建築物所構成

✐ 資料中心也徹底施行了鞏固網路性能、資訊安全的對策

以使用 AWS 為前提的系統架構

將草圖轉為 AWS 架構圖

至上一節的討論可知，凡是利用大型雲端服務與實際導入雲端前，都應該設想與規劃系統架構。

本節將會討論以使用 AWS 為前提的架構。

如 **1-4**、**1-14** 所述，AWS 有著多樣的服務、獨特的用語。若不先理解各項服務再來設想架構，將難以實際操作 AWS 服務系統。

前面圖 2-2 的右側已確認簡易的架構圖，以此為例直接替換成 AWS 的雲端產品，會形成如圖 2-9 的 AWS 架構圖。

起初可先學習如何轉換架構圖，習慣後再直接寫出雲端產品名稱。草擬這樣的 AWS 架構圖對後續的作業至關重要。而且，自己有能力繪製後，也有助於理解其他人畫出的架構圖。

網羅必要的雲端產品

使用具體的雲端服務名稱，將前面簡化的範例重新畫成架構圖。就原先的系統示意圖而言，包含 Amazon EC2、Amazon EBS、Amazon RDS、Amazon VPC、Amazon Direct Connect 等主要的雲端產品。為了簡單說明，以下將其視為正式系統，以拼圖形式規劃內容（圖 2-10）。

架構圖可幫助自身理解，使用 AWS 的同時，建議確認 **2-7** 的 AWS 架構完善框架（Well-Architected Framework）。

圖 2-9 將架構示意圖替換成 AWS 雲端產品

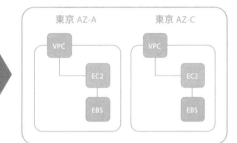

● VPC 是網路基礎設施，直接於上頭部署系統
● EC2 是虛擬伺服器，又稱為執行個體
● EBS 是 EC2 的儲存體
● 上述草圖未記載正式和備用系統的網路設備

圖 2-10 以拼圖的形式繪製 AWS 架構圖

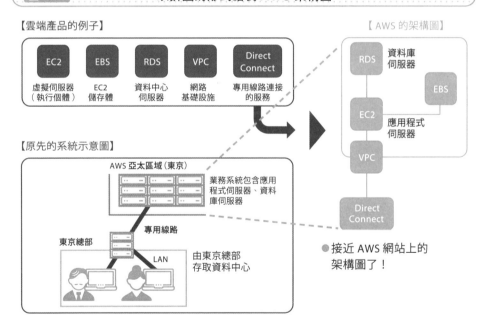

● 接近 AWS 網站上的
　架構圖了！

Point

✎ 使用 AWS 雲端產品名稱，畫出目標系統的架構圖

✎ 除了畫出一般架構圖轉換外，也可直接以 AWS 雲端產品來規劃

先選出伺服器

虛擬伺服器與執行個體

由實體設備考慮系統時，伺服器是最為重要的構成要素。伺服器過去又稱為主體電腦等，扮演向其他設備提供服務的關鍵角色。

AWS 的伺服器為虛擬伺服器，每個虛擬伺服器又稱為執行個體（instance，可執行的狀態、實體）（圖 2-11）。

自虛擬伺服器問世後，執行個體也被稱為伺服器執行個體。

雲端業者大多採用機架式的實體伺服器，隨著顧客的增長再擴充專用機架。

在雲端服務上，評估系統關鍵的伺服器性能非常重要。地端導入實體設備後難以變更，但雲端允許彈性調整。圖 2-12 是虛擬伺服器性能的評估例子，供各位讀者參考。

AWS 的核心服務 Amazon EC2

Amazon EC2 是 AWS 核心的伺服器服務，從小規模到大型高階伺服器應有盡有，用戶可根據需求來選擇。如 **1-2** 所述，使用者需要自行選擇類型，按照步驟完成伺服器的設定。

實際使用 AWS 的時候，建議可先建立伺服器 EC2、儲存體 S3 來幫助理解。

圖 2-11 虛擬伺服器與執行個體

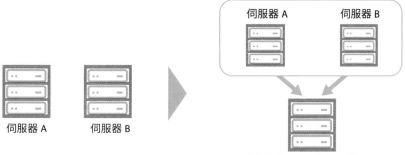

伺服器 A 　　伺服器 B

伺服器 A 　　伺服器 B

虛擬伺服器 ≒ 執行個體

- 單台虛擬伺服器可發揮多個伺服器的功能
- 執行個體是 AWS 虛擬伺服器的最小單位

圖 2-12 虛擬伺服器性能的評估例子

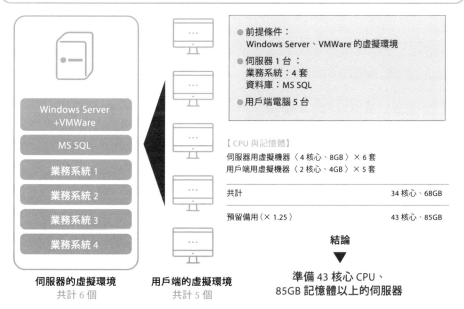

- 前提條件：
  Windows Server、VMWare 的虛擬環境

- 伺服器 1 台：
  業務系統：4 套
  資料庫：MS SQL

- 用戶端電腦 5 台

【 CPU 與記憶體 】

伺服器用虛擬機器〈 4 核心、8GB 〉× 6 套
用戶端用虛擬機器〈 2 核心、4GB 〉× 5 套

共計	34 核心、68GB
預留備用（× 1.25 ）	43 核心、85GB

結論
▼
準備 43 核心 CPU、
85GB 記憶體以上的伺服器

Windows Server
+VMWare

MS SQL

業務系統 1

業務系統 2

業務系統 3

業務系統 4

伺服器的虛擬環境
共計 6 個

用戶端的虛擬環境
共計 5 個

- 地端部署通常採取單台虛擬伺服器的架構，
  而雲端部署會細分虛擬伺服器來降低成本

 Point

🖊 AWS 伺服器是虛擬伺服器，又稱為執行個體

🖊 雲端、地端部署的基本要素相同，好好學習評估虛擬伺服器性能的方法吧

≫ 目前的雲端系統與未來發展

利用 AWS 的準備作業

前面已討論過開始使用前的準備工作。

這節將會統整在雲端系統運作的方式。為了簡單起見,以下說明小型系統的建立步驟(圖 2-13):

制定使用計畫 :制定如何使用的粗略方針、計畫。

設計架構: 參考 **2-5** 等的內容設計系統架構。

確認步驟: 事前確認建立 IT 資源、使用服務的繁瑣步驟,詳細可見第 3 章、第 4 章。

建立 IT 資源/使用服務:依步驟建立並完成設定,開始使用服務。

監控管理: 成功啟動系統後,進行監控管理。

為了幫助理解,這裡省略應用程式的開發與實作,可見 **3-10** 之後的解說步驟。

以 AWS 的推薦範本來檢查

企業系統利用服務的時候,建議參考 AWS 架構完善框架,**檢查 AWS 相關的基本重要事項**(圖 2-14)。更詳盡的內容可參閱「AWS 技術白皮書和指南」。

AWS 集結了眾多與顧客共同發展的知識技術、最佳實務(best practice),企業操作時不妨參考相關內容。

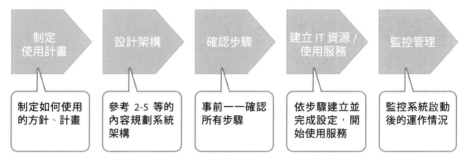

圖 2-13　在雲端上運行系統的步驟

制定使用計畫	設計架構	確認步驟	建立 IT 資源 / 使用服務	監控管理
制定如何使用的方針、計畫	參考 2-5 等的內容規劃系統架構	事前一一確認所有步驟	依步驟建立並完成設定，開始使用服務	監控系統啟動後的運作情況

● 設計架構、建立 IT 資源等具有雲端的特色，但其他作業也很重要
● 不僅限於 AWS 的服務，利用任何雲端業者的服務時，都建議事前確認步驟
● 上述步驟適用相對中小型的系統
● 在制定使用計畫之前，大型系統還有擬定系統規劃、建立系統化計畫等步驟

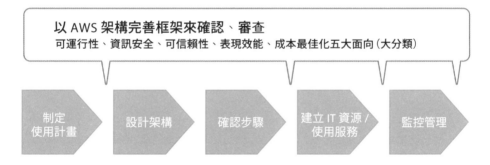

圖 2-14　運用 AWS 架構完善框架

以 AWS 架構完善框架來確認、審查
可運行性、資訊安全、可信賴性、表現效能、成本最佳化五大面向（大分類）

制定使用計畫	設計架構	確認步驟	建立 IT 資源 / 使用服務	監控管理

● 使用 AWS 時，建議以 AWS 架構完善框架來確認
● 除了用於設計架構外，後續不妨也定期用於審查，建立帳戶即可獲得審查用的框架
● 雖然內容有些冗長，但可搜尋「AWS 架構完善框架」等當作參考資料
● 網站中也有 AWS 技術白皮書和指南、最佳實務的相關資料

Point

✎ 從制定使用計畫開始準備

✎ 企業系統操作時，建議以 AWS 架構完善框架檢查基本的重要項目

雲端運用的趨勢 ①
～公共雲與私有雲～

公共雲與私有雲

從本節至 **2-10** 小節，我們將會討論雲端運用的整體趨勢。

向不特定多數企業組織、個人提供的雲端服務，稱為公共雲。

與此相對，自家公司建立的雲端服務，或在資料中心等架設自家公司的雲端系統，稱為私有雲（圖 2-15）。

私有雲是仿效公共雲的**自家公司專用雲端服務**。初期需要投入成本，但不需要擔心資料外洩，且可確認提供服務的是哪個伺服器，令人感到安心。

公共雲迅速成長

隨著雲端服務逐漸崛起、獲得青睞，愈來愈多人使用私有雲，但近年公共雲的運用逐漸超越私有雲。

其理由是，使用者可視需求增減利用的服務等**靈活變化**。私有雲要自行導入、調整 IT 資源，而公共雲不需要擔憂這些問題。例如，即便商務活動受到防疫政策影響，也可因應外部因素調整使用方式、成本。其他理由還有**迅速支援最新技術**（圖 2-16）。

公共雲的確比私有雲擁有較多優勢，但如下節所述，考量各項理由後，企業實際上多是搭配兩者來使用。

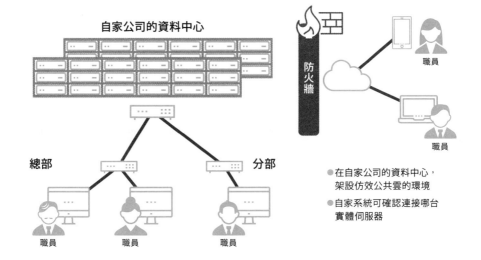

圖 2-15 私有雲的概念

自家公司的資料中心

防火牆

職員

職員

總部　　　　　　　　分部

職員　　　職員　　　職員

● 在自家公司的資料中心，架設仿效公共雲的環境
● 自家系統可確認連接哪台實體伺服器

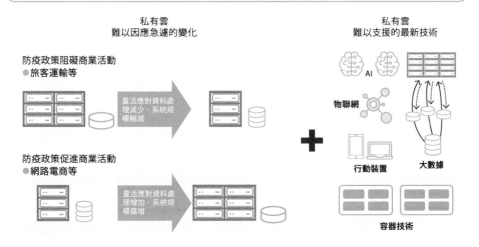

圖 2-16 公共雲比私有雲更具優勢的強項

私有雲
難以因應急遽的變化

私有雲
難以支援的最新技術

防疫政策阻礙商業活動
● 旅客運輸等

靈活應對資料處理減少、系統規模縮減

防疫政策促進商業活動
● 網路電商等

靈活應對資料處理增加、系統規模擴增

AI

物聯網

行動裝置　　大數據

容器技術

Point

🖊 除了利用 AWS 等公共雲外，也可選擇自家公司專用的私有雲

🖊 公共雲的強項包括可因應商業活動與系統變化，也可迅速支援最新技術

雲端運用的趨勢 ②
〜混合雲〜

混合雲的模式

目前已有少部分的企業，以 AWS 等公共雲運行所有系統。由當前的系統轉型至雲端形式，企業的轉型過程存在幾種模式。

視需求結合雲端和非雲系統的型態，稱為混合雲（Hybrid Cloud）。混合雲實際有下列幾種模式：

- 地端部署＋公共雲或者資料中心

- 地端部署＋資料中心＋公共雲

- 上述型態＋私有雲

- 公共雲＋私有雲

相關人員檢討雲端服務時，建議畫出如圖 2-17 一目瞭然的草圖，理解箇中差異。

混合雲的注意事項

正在導入雲端的企業組織大多為混合雲的型態，利用雲端、資料中心等將舊有的系統，從容易遷移的部分依序轉移至公共雲。

腦中最先想到的方法是遷移至雲端，若本身未講究專用環境、沒有個別需求，則可直接導入雲端環境。在混合雲階段需注意的是**系統之間的網路串接**，繪製草圖時不要忘記橫向連結（圖 2-18）。

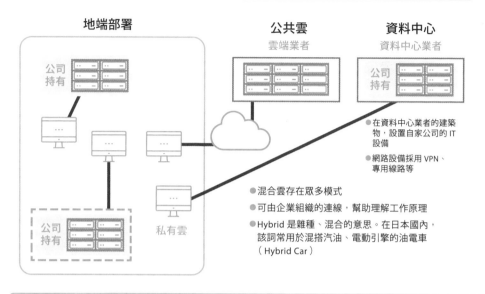

圖 2-17　以使用者的觀點看混合雲

地端部署

公共雲
雲端業者

資料中心
資料中心業者

公司持有

公司持有

私有雲

- 在資料中心業者的建築物，設置自家公司的 IT 設備
- 網路設備採用 VPN、專用線路等

- 混合雲存在眾多模式
- 可由企業組織的連線，幫助理解工作原理
- Hybrid 是雜種、混合的意思。在日本國內，該詞常用於混搭汽油、電動引擎的油電車（Hybrid Car）

圖 2-18　確認橫向連結

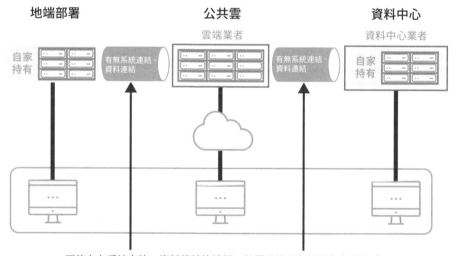

地端部署

公共雲
雲端業者

資料中心
資料中心業者

自家持有

有無系統連結、資料連結

有無系統連結、資料連結

自家持有

可能存在系統串接、資料傳輸等情況，故得確認其必要性與實踐方式

Point

- 在導入 AWS 的過程中，無法避免混合雲的型態
- 混合雲要留意系統之間的橫向連結

雲端運用的趨勢 ③
～使用多個服務～

依業務來使用

如前所述,在上雲整個系統的過程中,許多企業採用混搭雲端和非雲端系統的混合雲型態。

實際上,在混合雲的型態中,企業往往會依業務、目的選擇雲端業者。

例如,基礎系統利用 AWS,顧客管理系統使用 B 公司的雲端服務,會計系統另外採用 C 公司的雲端服務。**同時利用多個雲端服務**的型態,稱為多重雲(Multicloud,圖 2-19)。

依系統階層、功能來使用

上述依業務來使用,相當於前面提到的橫向連結。其實,多重雲還有**縱向連結**。

這是相對新穎的利用方式。例如,如圖 2-20 所示,使用者的管理與驗證利用 X 公司的服務,驗證後使用 Y 公司的服務與 Z 公司的服務,依系統階層來使用服務。

地端部署是以 SSO(單一登入)伺服器進入業務系統。

此範例還有其他的使用方式。儘管多個階層會形成複雜的系統,但就安全考量、網路效率而言,也相對有保障。

圖 2-19　多重雲的概念

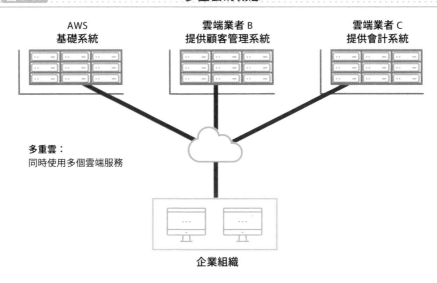

AWS
基礎系統

雲端業者 B
提供顧客管理系統

雲端業者 C
提供會計系統

多重雲：
同時使用多個雲端服務

企業組織

圖 2-20　多重雲的階級架構

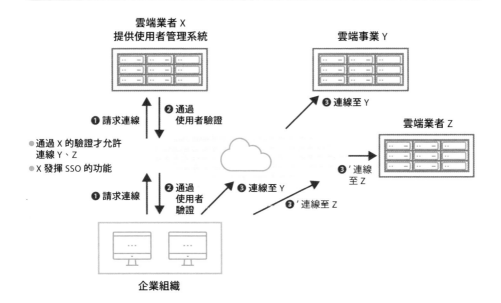

雲端業者 X
提供使用者管理系統

雲端事業 Y

❶ 請求連線
❷ 通過使用者驗證

❸ 連線至 Y

雲端業者 Z

● 通過 X 的驗證才允許連線 Y、Z
● X 發揮 SSO 的功能

❸'連線至 Z

❶ 請求連線
❷ 通過使用者驗證
❸ 連線至 Y
❸'連線至 Z

企業組織

Point

✐ 搭配多家雲端服務的型態，稱為多重雲

✐ 除了橫向關係外，多重雲還有縱向的階層架構

» 雲端運用的注意事項 ①
～看得見的部分～

留意看得見的部分

如 **2-2** ～ **2-4** 所述，系統的運行要考量設置場所、設備問題。除此之外，還得確認其 IT 設備、系統資源是否正常運作，得以因應商務業務。

就對外而言，如 **2-2**、**2-3** 所述，若系統的主要地理區域設於東京，考量到災難復原的情況，需於大阪區域、海外區域設置備用系統，或者活用多個可用區域。

就對內而言，得考慮各項 IT 設備、服務故障與復原，以及設定疏失、自動擴展失敗等人為問題。

同時考量對外和對內，**預設解決問題的方法**，以發生故障為前提的設計，在 AWS 稱為 Design for Failure。雖然無法親眼確認雲端服務的實際運行，**但設計時仍應該留意看得見的部分、可設想的情況**。（圖 2-21）。

以運行觀點來檢討

為了預防萬一，也得檢討如何管理服務、系統。

例如，❶ 使用 CloudWatch 監管（參見 **9-6**）、❷ 定期報告的功能、❸ 24 小時有人監視、❹ 向合格顧問諮詢、❺ 指定負責監控的專員等。AWS 主要提供方法 ❶，其餘方法則由合作夥伴企業提供（圖 2-22）。

圖 2-21　由地理區域檢討資料中心

【就對外而言】
例：活用多個可用區域

【就對內而言】
例：各項服務的故障、問題

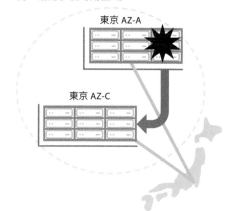

●IT 設備、服務發生故障

●設定疏失、自動擴展失敗等人為問題

- Design for Failure 是同時考量對外和對內，預設解決問題的方法，以發生故障為前提的設計
- **2-7** 的架構完善框架，也有收錄 Design for Failure 的檢查項目

圖 2-22　以運行觀點來檢討

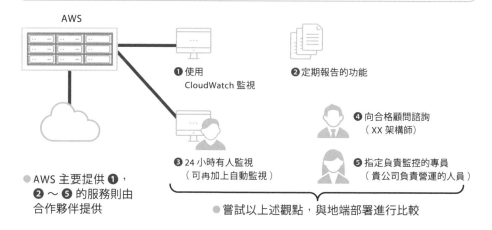

AWS

❶ 使用 CloudWatch 監視

❷ 定期報告的功能

❹ 向合格顧問諮詢（XX 架構師）

❸ 24 小時有人監視（可再加上自動監視）

❺ 指定負責監控的專員（貴公司負責營運的人員）

- AWS 主要提供 ❶，❷ ～ ❺ 的服務則由合作夥伴提供
- 嘗試以上述觀點，與地端部署進行比較

Point

🖊 為了預防萬一，設計時應預設解決問題的方法

🖊 檢討時務必導入如何管理 IT 設備、系統等的觀點

雲端運用的注意事項 ②
～看不見的部分～

服務級別

跟資料中心的服務一樣,雲端服務通常也有確保服務級別的協定。該協定通稱為 **SLA**(Service Level Agreement),比如確定使用的虛擬伺服器、儲存體具有 **99.99%**的可用性(圖 2-23),並保證故障時可以給予相關協助。

該基準值可評估服務的穩定性,AWS 服務多具有 99.95%、99.99%的可用性,即便真的發生中斷,一年也僅約 1 個小時左右。

SLA 可幫助釐清責任範圍與應對措施。

例如,在商品販售跟運行時間成正比相關的網路電商系統,系統中斷會減少相應的營業額,但業者不會補償損失的利益。這不僅限於 AWS,其他雲端業者也採取同樣的策略。關於 AWS 的共同責任模型,留待 **9-1** 再解說。

資料的構成資訊

使用者處理系統中的各種資訊時,**得由重要性、機密性的觀點先行確認**。

即便是高安全防護的系統,仍是經由人手設計出來的,難保絕對不會發生意外。另外,若是利用海外的地理區域、可用區域,各國法律可能規定發生問題時強制提供資料。為了守護資料的機密性,務必審查內容並確認相關法律(圖 2-24)。

AWS 等設定海外的地理區域時,請先確認各國的法律規定再來使用。

圖 2-23　　表示服務級別的運行率（容忍中斷時間）

24 小時 × 365 天 ＝ 8,760 小時
8,760 小時 × 0.99 ＝ 8,672 小時〈容忍中斷時間為 88 小時（約 3 天半）〉
8,760 小時 × 0.999 ＝ 8,751 小時〈容忍中斷時間為 9 小時〉
若是 99.99% 或者 0.9999，容忍中斷時間減少至 1 小時以內

- **運行率（容忍中斷時間）是表示系統可用性的指標**
- **即便發揮 99.99% 的運行率，也不保障絕對不中斷**

- 除此之外，MTTR（平均修復時間）是表示恢復時間的指標
- 雖然雲端服務未公開，但各家業者都有獨自的運行基準

$$\text{MTTR（平均修復時間）} = \frac{\text{修復時間總和}}{\text{修復次數}}$$

圖 2-24　　雲端相關的法律規範（以美國為例）

雲端相關的法律規範
當發生涉及國家安全等嚴重事件時，
國家可強制供應商提供資料的法律

	法　律
（例）美國	● 美國自由法案（USA Freedom Act） ● 美國雲端法案（Clarifying Lawful Overseas Use of Data Act）

- 即便是存在美國的日本企業資料，發生問題時也可合法調閱
- 政府機關可能扣押伺服器本體來閱覽資料
- 部分國家允許法規適用海外，即便是日本區域的可用區域，母公司所屬的國家機關也有權扣押日本的資料中心

Point

🖉 AWS 服務以高可用性著稱

🖉 在利用雲端服務之前，務必先確認資料的重要性，再檢討設置的地理區域

簡稱與正式名稱的問題

AWS 等雲端服務會使用獨特的雲端用語，冗長的正式名稱通常習慣直接使用簡稱。

前面的正文、圖表也有出現用語的簡稱，下面來測試各位的理解程度。請寫出下表左側簡稱的正式名稱。

雲端用語的例子

簡稱	正式名稱
AWS	
IAM	
VPC	

回答範例

首先 AWS 是 Amazon Web Services，大部分的人都能答對。IAM 已於 **1-8** 討論過，是 Identity and Access Management 的簡稱。最後的 VPC 是 Virtual Private Cloud。

IAM 和 VPC 也會用於 GCP（Google Cloud Platform）雲端服務，建議先記起來。

例如，AWS 的「EC2」服務，相當於 GCP 的「Google Compute Engine（GCE）」。簡言之，除了少部分外，各家業者的服務名稱不盡相同。

使用 Amazon EC2

~活用雲端的虛擬伺服器~

》 常見的伺服器服務

簡單架設伺服器

前面不時有提到，AWS 負責運算的虛擬伺服器服務為 Amazon EC2
（Amazon Elastic Compute Cloud），提供從小型低階到大型高階的伺
服器，可依所需性能從眾多伺服器清單選出適當的類型。

基本上，跟地端部署的情況相同，可由作業系統綁定 Linux 還是 Windows
Server、CPU 的數量與效能、記憶體的容量等，決定準備哪種類型的虛擬
機器。只要遵循視窗指示操作，就可建立 EC2 的執行個體（圖 3-1）。

企業組織在選擇伺服器的時候，可參考 **2-6**、**2-7** 虛擬伺服器的性能評估
與計畫。

雲端伺服器的便利性

不僅限於 Amazon EC2，雲端伺服器服務的優點是，發現錯誤時可立即刪
除並重建伺服器，以及能夠簡單新增、修改伺服器。地端部署從下訂到收到
設備會產生時間差，且運行後還得維護保養（圖 3-2）。因此，無論是企業
還是個人，**使用 EC2、雲端伺服器後就無法回頭**。

習慣 Amazon EC2 的操作後，即可輕易建立、刪除伺服器，更多細節留待
後面説明。

| 圖 3-1 | Amazon EC2 的伺服器建立步驟 |

1 選擇 AMI* → **2** 選擇執行個體的類型 → **3** 設定執行個體的類型 → **4** 新增儲存體 →‥‥‥

1 選擇 AMI　　　　　　　‥‥‥ 由需求大致決定「選擇這個機器」

2 選擇執行個體的類型 ‥‥‥ 從多樣的規模、性能中選擇虛擬機器

3 設定執行個體的類型 ‥‥‥ 完成網路、安全設定

4 新增儲存體　　　　　‥‥‥ 新增儲存體

● 整體可如上劃分不同的步驟，依序操作便可建立執行個體

● 2022 年 4 月時總共分成 7 個步驟

● 後半部得詳盡設定安全群組，當作執行個體的防火牆（參見 **9-4**）

＊AMI 為 Amazon Machine Image 的縮寫，請見 P.82 的解說

.

| 圖 3-2 | 雲端伺服器的便利性 |

● 即便建立的伺服器太龐大、數量過多，也能夠立即調整修正

● 也不需要實際查看設備、安排維護設備

Point

✎ Amazon EC2 是 AWS 的虛擬伺服器服務，依序操作即可建立伺服器

✎ 體驗雲端伺服器服務的便利性後，就無法返回地端部署

≫ 伺服器的類型

伺服器的種類

Amazon EC2 擁有各種虛擬伺服器，AWS 將其稱為執行個體類型。

執行個體類型分別為伺服器，是由 CPU、記憶體、儲存體等所構成。執行個體系列是執行個體類型的高階概念，**根據使用案例**，可如圖 3-3 分為一般用途、運算優化、記憶體優化、儲存優化、加速運算等。

可從中選擇最合適的執行個體，比如普通的業務系統選擇一般用途即可。

再細分執行個體類型

各種執行個體類型，可再細分為不同的世代、大小。

例如，免費方案「t2.micro」的意思如下（圖 3-4）：

● **執行個體系列**：t 系列的執行個體

● **世代**：第 2 代

● **大小**：micro 的性能介於最低階的 nano 與 small 之間

同理另有一般用途的 t3 系列、M 系列等，可用於各式各樣的情境。實際上，執行個體類型有著相當多的種類。

| 圖 3-3 | 執行個體系列的概念 |

執行個體系列	概念
一般用途	均衡 CPU、記憶體、儲存體的普通執行個體
運算優化	偏重 CPU 的執行個體，適用高效高速的大型運算處理
記憶體優化	偏重記憶體的執行個體，適用資料庫等的處理
儲存優化	適用注重儲存體的處理
加速運算	採用最新的 GPU，適用影片圖像、大數據分析等處理

※2022 年 4 月以後，加速運算的種類可能進一步增加

| 圖 3-4 | 執行個體的類型、世代、大小 |

- 常見的執行個體類型，有免費方案的「t2.micro」、t3 系列、M 系列等
- 除了 t2.micro 外還有許多種類，如「t3.large」「z1d.large」等

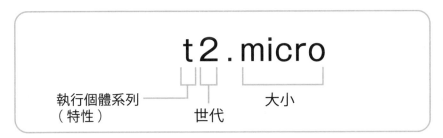

- AWS 會推薦使用新世代的類型
- 大小分為 nano、micro、small、medium、large、xlarge 等

Point

⟋ 根據使用案例，Amazon EC2 可提供不同的執行個體系列

⟋ 執行個體類型可再細分不同的世代、大小

≫ 靈活變更

配合系統靈活變更

如 **3-1** 所述，AWS、雲端服務可靈活變更 IT 資源。配合系統、應用程式的運行情況，**變更虛擬伺服器的效能、數量**，稱為擴展調整（scaling），大致分為 2 種類型（圖 3-5）：

● 垂直擴展**和**垂直縮減

　提升執行個體的 CPU 核心數、記憶體容量等的規格，稱為垂直擴展（scale up）；反之稱為垂直縮減（scale down）。

● 水平擴展**和**水平縮減

　增加執行個體的數量，稱為水平擴展（scale out）；反之稱為水平縮減（scale in）。

有些管理人員邊確認執行個體的運行情況，邊手動操作上述內容；但也有管理人員直接設定自動水平擴展、水平縮減。

支援自動擴縮的服務

隨著系統逐漸增長，使用者愈難目視判斷、掌握變更時機。有鑑於此，AWS 提供了可自動擴縮的服務。

事前設定 Amazon EC2 Auto Scaling 服務，就可根據執行個體的負載情況，**自動執行水平擴展、水平縮減**。之後，AWS Compute Optimizer 會建議最佳的執行個體類型（圖 3-6）。

圖 3-5 擴展調整的概念

垂直擴展 　　垂直縮減

● 提升 CPU 核心數、記憶體容量等規格,稱為垂直擴展;反之稱為垂直縮減

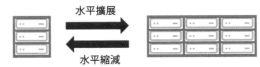

水平擴展

水平縮減

● 增加執行個體數量,稱為水平擴展;反之稱為水平縮減

圖 3-6 AWS 提供的擴縮服務

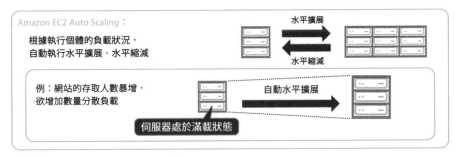

Amazon EC2 Auto Scaling:

根據執行個體的負載狀況,
自動執行水平擴展、水平縮減

水平擴展

水平縮減

例:網站的存取人數暴增,
欲增加數量分散負載

自動水平擴展

伺服器處於滿載狀態

AWS Compute Optimizer:

建議最佳的執行個體類型

推薦使用 M 系列

例:在主控台提示最佳的
執行個體類型

垂直擴展 　　垂直縮減

Point

✎ 變更虛擬伺服器性能、數量的擴展調整,包含垂直擴展、垂直縮減、水平擴展、水平縮減

✎ AWS 有支援自動擴縮的服務

» 伺服器的作業系統

常見的伺服器作業系統

如前所述，Amazon EC2 有形形色色的執行個體類型。除了執行個體的類型外，伺服器作業系統的種類也相當多樣。

在 EC2 上，主要有下列 4 種常見的伺服器作業系統：

- **Linux**：開源軟體上常見的作業系統，分成不同的發行版
- **Windows Server**：微軟的伺服器專用作業系統
- **UNIX 系列**：作為 Linux 基礎的作業系統，由各家伺服器廠商提供
- **其他**：大型主機、超級電腦專用系統、macOS、AI 專用系統

就企業的市占率而言，系統仍以地端部署居多，Windows Server 占 5 成左右，Linux、UNIX 分別占 2 成左右，但 Linux 的市占率有日益增長的趨勢。

可用於 Amazon EC2 的作業系統

在上述作業系統當中，Amazon EC2 支援 Linux、Windows Server、macOS、Deep Learning 專用系統等。

圖 3-8 是具體的細節，今後將會陸續增加支援的系統。

為了避免選錯伺服器的作業系統，可直接在網頁最顯眼的地方選擇 **3-6** 解説的 AMI。

圖 3-7 伺服器作業系統的概要

	1970	1980	1990	2000

UNIX　　由 AT&T 著手開發，從 80 年代發展至今

Linux　　Linus Torvalds 參考 UNIX 進行開發

Windows　　發布 NT3.1　　2003 年後發布 Windows Server

- 伺服器專用的作業系統具備允許多數用戶同時存取的性能。
- 由歷史背景來看，Linux 與 UNIX 系列的親和性高。
- 作為活用舊版軟體資產、長期連續監控的伺服器作業系統，
  UNIX 系列至今仍有一定的支持者。不過，在其他的常見用途上，
  逐漸改用具有相同功能的 Linux。

圖 3-8 **Amazon EC2 常見的伺服器作業系統**

Linux

> Amazon Linux、Amazon Linux2、CentOS、
> Debian、Kali、Red Hat、SUSE、Ubuntu 等

Windows

> Microsoft Windows Server
> （2012、2012 R2、2016、2019、2022）

其他系統

> macOS、Deep Learning 專用系統等

- 以 Linux 和 Windows 為中心，逐漸增加種類
- Windows Server 的 2008 和 2008 R2，已於 2020 年 1 月停止支援
- 支援 macOS 也是 EC2 的特色

Point

✎ 一般常見的伺服器作業系統，包含 Linux、Windows Server、UNIX 系列、其他專用系統等

✎ Amazon EC2 可使用 Linux、Windows Server、macOS、Deep Learning 專用系統等作業系統

管理人員使用的頁面

集結所有功能的頁面

前面解說了 Amazon EC2 的概念。

使用 EC2 建立執行個體等，在利用 AWS 服務的時候，得先完成 **1-7** 的建立用戶、**1-8** 的建立 IAM 使用者，再設定所需的服務內容。

在 AWS 管理主控台（AWS Management Console）設定各種服務，當然之後也可**整合顯示、管理用戶所有的服務**。部分讀者可能對主控台感到陌生，它是系統管理人員操作的裝置，如今也可指連接大型主機（Mainframe）、大型伺服器等的管理人員裝置（電腦）。

初次進入 AWS 管理主控台的時候，會顯示未設定任何服務的陽春頁面，但後續隨著服務增加，內容就會逐漸變得豐富（圖 3-9）。

登入後顯示的 AWS 管理主控台，就是管理人員在使用時最常見到的頁面。

前往各項服務的設定頁面

首次利用服務的時候，若欲以虛擬伺服器 Amazon EC2 建立執行個體，可於選單、主控台頁面尋找 EC2 的字樣並點入，或者於搜尋欄位輸入「EC2」，就會顯示前往 EC2 頁面的連結。**4-1** 的 Amazon S3 等服務，也可以同樣的方式前往（圖 3-10）。

隨著登入次數增加，會逐漸習慣主控台的頁面。

圖 3-9　AWS 管理主控台的頁面

服務設定（申請）的程序

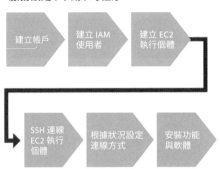

- 上半部於 **1-7**、**1-8**、**3-10**、**3-11** 解說；
  下半部於 **3-12** 以後講解

- AWS 管理主控台的部分內容
- 以根使用者、IAM 使用者登入後，依左邊流程
  前往 IAM、EC2 等各服務專用的主控台
- 初期利用的服務甚少，頁面顯得陽春、簡潔

圖 3-10　前往目標服務的方法

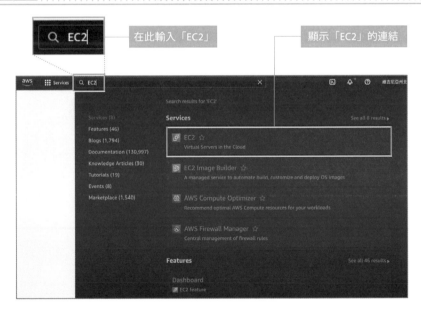

在此輸入「EC2」

顯示「EC2」的連結

Point

⟋ AWS 管理主控台是管理 AWS 所有服務的頁面

⟋ 隨著登入次數增加，會逐漸習慣主控台的操作

» 執行個體的映像檔

選擇 AMI 來建立伺服器

初次建立或者新增伺服器的時候，Amazon EC2 有提供名為 AMI（Amazon Machine Image）的範本，啟動已設置伺服器作業系統的執行個體。**建立伺服器的第一步是選擇 AMI。**

AMI 會提示適合的伺服器作業系統及類型，起初選擇最符合使用者所需的 AMI，再選擇執行個體的類型，便可循序漸進地完成設定（圖 3-11）。

在建立伺服器（EC2）的時候，除了選擇內建的 AMI 外，也可複製 AMI 來增加伺服器。

使用 AMI 範本的便利性

AMI 範本包含執行個體所需的軟體架構，也可用來啟動執行個體。

AMI 可記錄執行個體的資訊，如伺服器作業系統為 Linux、已安裝 Apache 且完成設定等，相關細節留待後面解說。

因此，AMI 能夠複製相同的伺服器。第 1 台需要依序安裝作業系統以外的項目，但第 2 台後可利用 AMI 複製前面完成的執行個體（圖 3-12）。

若使用者想要自行製作 AMI 的話，完成執行個體後要建立映像檔。

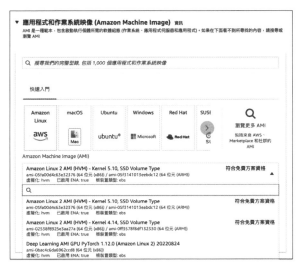

圖 3-11　選擇 AMI 來建立伺服器

- AMI 選擇頁面的部分內容
- 點選下拉式選單可查看各執行個體的規格
- 若欲選擇舊版的作業系統，得由 AWS CLI（命令列介面）列出 AMI 清單，使用命令列介面建立 EC2

圖 3-12　AMI 的便利性

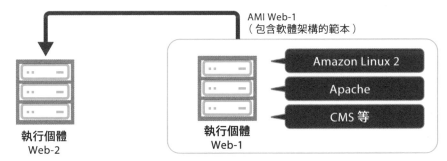

AMI Web-1
（包含軟體架構的範本）

Amazon Linux 2

Apache

CMS 等

執行個體
Web-2

執行個體
Web-1

- 欲建立與執行個體 Web-1 相同環境的執行個體 Web-2 時，可利用 AMI Web-1 建立副本

- 初期的 AMI 僅有作業系統，但架設環境並自訂 AMI（如 AMI Web-1）後，便可建立相同的執行個體。在軟體眾多、設定作業繁雜等情況，AMI 顯得非常方便
- AMI 可使用網路社群等製作的範本，可從專門的網路市集取得
- AMI 方便但有些需要收費，欲免費使用的人需要小心留意

Point

🖋 選擇 AMI 是建立伺服器的第一步

🖋 AMI 範本描述了執行個體所需的軟體架構，熟練使用後非常方便

≫ 伺服器的專用儲存體

與 EC2 搭配使用的儲存體

Amazon EBS（Amazon Elastic Block Store）是**與 Amazon EC2 搭配使用的儲存體**。EBS 存有作業系統、資料等，建立 EC2 時肯定會用到 EBS。它不像電腦直接連接於機箱中，而是經由網路連線的雲端服務。EBS 如同其名為區塊儲存體，儲存技術的細節可見 **5-10**。

由於是經由網路連線，可高自由度地設計架構。EBS 磁碟區可根據系統需求，與 EC2 建立一對一、一對多架構（圖 3-13）。

基本上，每個 EBS 磁碟區的最大容量為 16TB，但在高階的布建中，也有 64TB 的大容量儲存體。

EBS 的磁碟區類型

EBS 可根據實體特性、使用案例，選擇 SSD（Solid State Drive）和 HDD（Hard Disk Drive）等磁碟區類型。例如，SSD 適合大量傳輸的處理；HDD 適合儲存累積資料、運算大數據的處理（圖 3-14）。

首次接觸 EBS 的時機，出現在建立 EC2 執行個體。

執行個體的設定途中會有 EBS 選擇頁面，若未留意則預設單一 EBS 磁碟區，如圖 3-13 與 EC2 建立一對一架構。

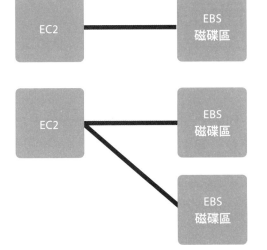

圖 3-13　EC2 與 EBS 磁碟區的關係

- 在設定 EC2 執行個體時，若未留意則預設一對一架構
- 每個 EBS 磁碟區的最大容量高達 16TB

- 可視系統需求改成一對多架構

圖 3-14　SSD 與 HDD 的特色

	SSD（固態硬碟）	HDD（傳統硬碟）
外觀示意圖		
實體特性	記錄於快閃記憶體	以磁頭將資料記錄於磁碟
傳輸速度	快速	普通
成本	稍高	普通
使用案例	注重輸出入的系統	注重累積資料的處理

- EBS 大多為 SSD，預設選項也顯示 SSD

Point

- Amazon EBS 是與 EC2 搭配利用的儲存體
- 執行個體的設定途中會有 EBS 選擇頁面，可事先準備

》 伺服器建立的案例研究

網路伺服器的軟體架構

前面解說了 Amazon EC2 的概要。

接著來看建立伺服器的例子。依序追蹤各項步驟,有助於理解目前進行的階段。

本書的案例研究選擇最基本的伺服器之一 —— 網路伺服器。**網路伺服器可供我們平時瀏覽網站。**

下列例子是網路伺服器最小的軟體架構(圖 3-15):

● **伺服器作業系統**:Linux

● **網路伺服器功能**:Apache、Nginx 等

● **網頁的原始檔案**:html 等架設網頁的檔案集

當然,其他還有圖片等的圖檔,若是網路應用程式的話,亦有資料庫、應用程式等要素。

建立網路伺服器的步驟

確認所需的軟體架構後,就可以開始安裝、設定。以網路伺服器的最小架構為例,需要更新作業系統、安裝網路伺服器功能、設定網路連線、設定安全防護、升級容器技術檔案等諸如此類(圖 3-16)。

我們可在紙上簡單整理步驟,但在建立網路伺服器之前,AWS、雲端服務還需要「建立執行個體」。

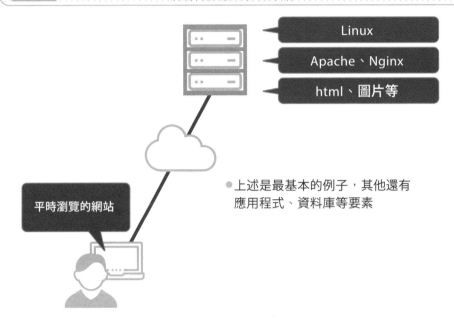

圖 3-15　網路伺服器的軟體架構

Linux

Apache、Nginx

html、圖片等

平時瀏覽的網站

●上述是最基本的例子，其他還有
應用程式、資料庫等要素

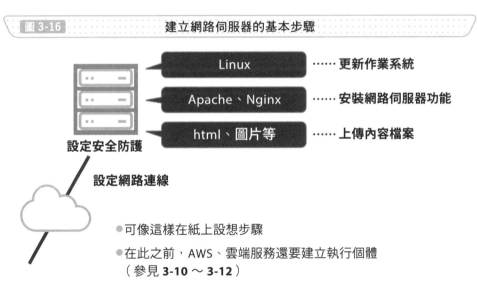

圖 3-16　建立網路伺服器的基本步驟

Linux　……　更新作業系統

Apache、Nginx　……　安裝網路伺服器功能

html、圖片等　……　上傳內容檔案

設定安全防護

設定網路連線

●可像這樣在紙上設想步驟
●在此之前，AWS、雲端服務還要建立執行個體
（參見 **3-10 ～ 3-12**）

Point

✎ 網路伺服器是提供網站等服務的基礎伺服器

✎ 在建立伺服器之前，要先確認所需的軟體與步驟

》 建立伺服器只是第一步

如何連線伺服器、系統

前面以網路伺服器為例說明基本注意事項。

以伺服器為中心架設系統後，得於 AWS、雲端服務定義允許連接的身分、合法的連線方式。

AWS 等雲端服務可簡單建立伺服器，但前面提及的網路連線設定、資訊安全設定就稍微有些複雜。因此**建立伺服器之後，還需要處理系統運行、平時監控等更為複雜的設定作業**。首次使用雲端的人，千萬別以為「只要建立伺服器就行了」（圖 3-17）。

以草圖來看連線方式

這裡再次複習內容，以便有更具體的印象。

例如，圖 3-18 除了建立伺服器外，還得以上述的設定作業，定義使用者、管理員的連線方式。而管理員的連線方式，更要**事先設想好**。

圖 3-18 的連線使用了常見的 Session Manager 和 SSH，相關細節留待後面解說。下一節將會具體解說在 Amazon EC2 建立網路伺服器的步驟，期望各位能夠理解事前規劃管理員與連線方式的重要性。

圖 3-17 ············ **相關的設定作業比建立伺服器還要麻煩**

建立伺服器　　　　　　　　　　　　　　相關的設定作業

安裝建立伺服器所需
的功能、應用程式

只要建立執行個體後
就行了！

相關的
設定作業
顯而易見

相關的設定作業
往往工作量
比較大

● 網路連線設定
● 資訊安全設定
● IAM 等的使用者管理

雲端新手

其他想像不到
的步驟！

- 對雲端新手來說，建立伺服器是最大的難關，容易認為建立完成即結束，但其他設定作業更為麻煩且繁多
- **3-10** 以後解說的執行個體，只要目的明確就可順利完成，其他相關設定作業反而比較困難

圖 3-18 ············ **定義使用者、管理員的連線方式很重要**

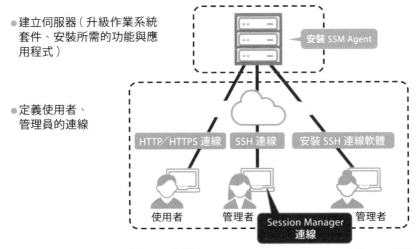

- 建立伺服器（升級作業系統套件、安裝所需的功能與應用程式）

安裝 SSM Agent

- 定義使用者、管理員的連線

HTTP／HTTPS 連線　　SSH 連線　　安裝 SSH 連線軟體

使用者　　　　管理者　　　　　　　　管理者

Session Manager
連線

※ SSH 會於 **3-12** 解說；Session Manager、SSM Agent 會於 **3-15** 解說

Point

✎ 比起建立伺服器，與平時運行相關的設定作業往往更為麻煩

✎ 習慣之後，不妨以草圖等規劃連線方式

》 建立執行個體 ①
～執行個體的建立與啟動～

EC2 主控台的作業

在 Amazon EC2 建立執行個體的時候，得由 AWS 管理主控台呼叫 **EC2 主控台**。並在執行個體、彈性 IP 地址等相關資源選單，設定當中的必要項目。

如 **2-2** 所述，得先**決定使用的地理區域**，這部分容易疏忽忘記。若只是想先嘗試建立網路伺服器，可直接使用預設的美國區域，但也能夠改為東京等其他地區。然後，由 EC2 主控台啟動執行個體（圖 3-19）。

需要注意的是，在建立執行個體之前，建議閱覽 **AWS 官方網站**的教學課程。官網上亦有各種主題的課程單元，**不妨事前確認 AWS 推薦的使用步驟**。

閱覽教學課程

搜尋「amazon ec2 執行個體、建立」等關鍵字，可找到官方的教學課程。不習慣時會覺得文章冗長且難懂，但如 **1-14** 所述，只能埋頭閱讀別無他法。研讀時會遇到存取伺服器的相關步驟，如「教學課程：使用 Amazon EC2 Linu 執行個體」（圖 3-20）。

若是覺得官方說法實在冗長難解，也可先於其他搜尋結果中，找出可信賴的文章掌握要點，再來閱讀官方教學。

圖 3-19 建立執行個體的頁面

- EC2 主控台頁面的部分內容
- 點擊「啟動執行個體」，跳轉至圖 3-11 的 AMI 選擇頁面

啟動執行個體 ▼

圖 3-20 AWS 官方網站的教學課程

- 在使用 AWS 的各項服務時，務必閱讀相關的教學課程
- 在搜尋欄位輸入適當的關鍵字

教學課程 amazon ec2 linux 執行個體 建立 　　　搜尋

※ 雖然也可從 AWS 管理主控台前往，但經由搜尋引擎會比較快

- 此例必讀的教學課程「教學課程：使用 Amazon EC2 Linux 執行個體」
- 各處還有更多細節的連結

繼續閱讀下去，會遇到需要注意的細節！

「如果不使用金鑰對而啟動執行個體，就無法與它連線。」

※ 進一步研讀，會在各處看到重要的內容

其一：建立執行個體後，需要金鑰對（專用檔案）才可連線（參見 **3-12**）

其二：若想要維持免費方案，建議選擇 AMI 伺服器群最上面的 Amazon Linux2，並且使用裡頭的 t2.micro（參見**3-11**）。

Point

✎ 在建立執行個體之前，先決定利用的地理區域

✎ 在建立執行個體之前，先前往 AWS 官方網站確認步驟

第 3 章　建立執行個體①～執行個體的建立與啟動～

» 建立執行個體 ②
～執行個體的選擇與設定～

首先選擇 AMI

如前所述，由 EC2 主控台的「啟動執行個體」來建立。如 **3-6** 所述，首先顯示 **AMI（Amazon 機器映像檔）選擇頁面**，在此選擇最佳的虛擬機器。

此時不要馬上點擊按鈕，由頂部的流程可知總共有 7 個步驟（舊版使用介面僅有簡體中文）。

考慮使用小型網路伺服器，如圖 3-11 選擇最上面的 Amazon Linux 2 AMI。然後，跳轉至執行個體選擇頁面（圖 3-21）。後續內容皆是免費方案的情況。

雖然也有 t2.nano、t2.micro 等執行個體，但這裡選擇符合免費方案的 t2.micro。為了以防萬一，請先確認 CPU 數量、記憶體、儲存體等是否符合要求。

建立執行個體的第一道難關

接著，進入執行個體的配置頁面。**網路連線（VPC）、自動指派公有 IP 等，會顯示許多稍微複雜的項目**，細節留待 **6-6** 和 **6-7** 再解說。

在免費方案的前提下，需要注意幾個重點（圖 3-22）。

安全相關的設定眾多，這裡就不一一説明，但步驟 3 的「配置執行個體」是最需要注意的重點，堪稱建立執行個體的難關。

另外一道難關，留到下一節再繼續討論。

圖 3-21 選擇執行個體類型（舊版使用介面）

● 執行個體類型選擇頁面的部分內容
● 邊確認步驟邊完成設定

1. 選擇 AMI	**2. 选择实例类型**	3. 配置实例	4. 添加存储	5. 添加标签	6. 配置安全组	7. 审核

1. 选择 AMI	2. 选择实例类型	3. 配置实例	4. 添加存储	5. 添加标签	6. 配置安全组	7. 审核

步骤 2: 选择一个实例类型

Amazon EC2 提供多种经过优化、适用于不同使用案例的实例类型以供选择。实例就是可以运行应用程序的虚拟服务器。它们由 CPU、内存、存储和网络容量组成不同的组合，可让您灵活地为您的应用程序选择适当的资源组合。有关实例类型以及这些类型如何满足您的计算需求的信息，请参阅"了解更多"。

筛选条件： 所有实例系列　　　最新一代　　　显示/隐藏列

当前选择的实例类型: t2.micro (- ECU, 1 vCPU, 2.5 GHz, -, 1 GiB 内存, 仅限于 EBS)

	系列	类型	vCPU ⓘ	内存 (GiB)	实例存储 (GB) ⓘ	可用的优化 EBS ⓘ	网络性能 ⓘ	IPv6 支持 ⓘ
☐	t2	t2.nano	1	0.5	仅限于 EBS	-	低到中等	是
◼	t2	t2.micro 符合条件的免费套餐	1	1	仅限于 EBS	-	低到中等	是
☐	t2	t2.small	1	2	仅限于 EBS	-	低到中等	是
☐	t2	t2.medium	2	4	仅限于 EBS	-	低到中等	是
☐	t2	t2.large	2	8	仅限于 EBS	-	低到中等	是
☐	t2	t2.xlarge	4	16	仅限于 EBS	-	中等	是
☐	t2	t2.2xlarge	8	32	仅限于 EBS	-	中等	是
☐	t3	t3.nano	2	0.5	仅限于 EBS	是	高达 5Gb	是
☐	t3	t3.micro	2	1	仅限于 EBS	是	高达 5Gb	是

圖 3-22 配置執行個體時的注意事項（舊版使用介面）

● 步驟 3「配置執行個體」是最需要注意的重點之一
● 雖然也有其他項目，但為了符合免費方案資格，下表列出要注意的項目與其設定範例
● 預設配置有些需要付費，請至 AWS 官方網站確認最新資訊

要注意的項目	設定範例
自動指派公有 IP	選擇「停用」
容量預留	「開啟」→「無」
租用	確認選擇「共享－運行共享硬體執行個體」

※ 容量預留：預留指定的可用區域，以便於任意時間使用 EC2 執行個體

※ 租用：EC2 執行個體選擇占用或者共享實體主機，收取的費用將會不同

Point

⌇首先選擇 AMI 來建立執行個體

⌇配置執行個體的步驟是最需要注意的重點之一

》 建立執行個體 ③
～儲存與安全群組的設定～

儲存的設定

前面解說到配置執行個體，接著討論步驟 4 的新增儲存。**建立的執行個體可藉由新增儲存，來使用儲存磁碟區。**免費方案也提供不同大小和磁碟區類型。這個儲存就是 **3-7** 討論的 EBS（圖 3-23）。

後續步驟 5 的新增標籤，請參考教學課程來輸入數值。

安全群組的設定

步驟 6 的配置安全群組（參見 **9-4**）指的就是設定防火牆，是建立執行個體時的**第二道難關**。

預設選擇的 SSH（Secure SHell），是伺服器主流的安全連線方式，但各家雲端業者的步驟不同。在來源欄位填寫要連線的裝置 IP 地址，使用 SSH 軟體產生金鑰檔案來連線。

完成最終步驟後，可下載產生金鑰對的原始檔案。**金鑰對可用來連線執行個體**（圖 3-24），請自行確認從 Windows 電腦連線至 Linux 執行個體等的教學課程。

這裡因涉及資訊安全而不多加著墨，但要先知道的是，最後一個步驟才會產生金鑰對的原始檔案，且該檔案的設定過程有些複雜。

圖 3-23   新增儲存的例子

- 注意免費方案的限制
- 說明也會提示可免費使用的容量

圖 3-24   SSH 連線的例子

- 下載專用工具

SSH
用戶端

- 下載金鑰的原始檔案
- 由原始檔案產生金鑰檔案

目標
執行個體

- 登錄裝置 IP 地址,以金鑰完成驗證
- 在安全群組(參見 9-4)設定上述資訊
- 電腦端安裝專用工具,登錄執行個體名稱等資訊, 並且設定成允許連線

Point

🖋 新增儲存後,即大致完成執行個體

🖋 配置安全群組是設定上的第二道難關,最後還要完成連線執行個體的準備

第 3 章

建立執行個體 ③ ～ 儲存與安全群組的設定 ～

≫ 連線執行個體的準備

建立執行個體後完成相關作業

前面解說了 EC2 執行個體的建立。

然而,這是**僅安裝作業系統的空執行個體**。以網路伺服器為例,尚需連線建立的執行個體,完成安裝 Apache、升級容器檔案等作業,才有辦法啟動運行。為此,需要事先設想圖 3-25 的步驟 ① 和 ②,**連線執行個體處理安裝等作業**。

連線所需的準備作業

前面解說了 SSH 連線專用的金鑰檔案。首次連線執行個體時,需要完成下列作業:

● SSH 用戶端將金鑰檔案(金鑰對)轉換成金鑰

● 在 EC2 主控台登錄連線裝置的 IP 地址,並以上述金鑰完成驗證(帶金鑰的指定裝置)。在安全群組設定上述資訊,並於電腦安裝 SSH 用戶端,登錄執行個體名稱等資訊來允許連線。

比起第二道難關,首次連線執行個體與準備作業較為麻煩。此部分也要詳細閱覽使用者指南,**如此才可確保擁有安全的連線**(圖 3-26)。

完成這些步驟後,才得以完成建立執行個體。

圖 3-25　　　　　　　　　首次連線執行個體與後續連線

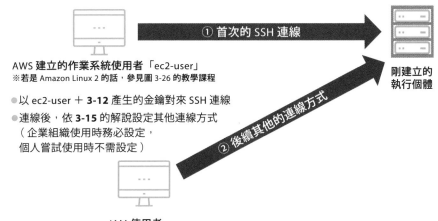

AWS 建立的作業系統使用者「ec2-user」
※若是 Amazon Linux 2 的話，參見圖 3-26 的教學課程

● 以 ec2-user ＋ 3-12 產生的金鑰對來 SSH 連線
● 連線後，依 3-15 的解說設定其他連線方式
　（企業組織使用時務必設定，
　　個人嘗試使用時不需設定）

IAM 使用者
● 以不同於 SSH 的方式連線，設定並安裝其所需的功能

圖 3-26　　　　　　　　　連線執行個體的教學課程

● 個人連線 Linux 執行個體的時候，往往使用自家 Windows 電腦，可搜尋以下的關鍵字

| aws windows linux 執行個體 連線 | 搜尋 |

● 此例必讀的教學課程
「使用 PuTTY 從 Windows 連線至您的 Linux 執行個體」

閱讀後得知，可使用 Windows 免費的 SSH 連線軟體「PuTTY」。此外，與 PuTTY 連動的「WinSCP」能夠傳送檔案。

文章內也有跳轉 PuTTY 下載頁面的連結

Point

✐ 剛建立時實際上僅是空執行個體，後續得連線並依目的完成設定。

✐ 為了確保連線執行個體的安全性，需要產生金鑰、指定裝置、使用專用工具等作業。

≫ 連線後的首要之務

有顯示黑色畫面嗎？

連線執行個體後，會顯示如圖 3-27 的 Amazon Linux 2 畫面；看得到此畫面代表完成建立，且成功連線執行個體。

Amazon Linux 是 AWS 提供支援維護的 Linux，推薦給欲於 AWS 嘗試 Linux 的使用者。

不僅限於 Amazon Linux 2，使用 Linux 前都得升級作業系統套件（讓作業系統保持在最新狀態）。

在 Amazon Linux 2 等 Linux 作業系統，直接於初始畫面輸入 Linux 指令。

升級作業系統套件

在文字游標閃爍的地方，直接輸入 Linux 指令 "sudo yum updata"（以管理員權限升級作業系統的指令）並按下 Enter 鍵。如此一來，就會執行升級作業（圖 3-28）。

在地端、雲端服務，基本上都需如此升級 Linux 作業系統套件。地端架設伺服器時，升級套件是不可欠缺的作業，當然雲端服務亦是如此。**使用者經由雲端使用伺服器時，也得處理這類細瑣的作業。**

雖說如此，我們容易不小心就忘記升級 Linux 作業系統套件，不妨時時詢問自己：「之前有升級了嗎？」

圖 3-27　　　　　　　　　　**Amazon Linux 2 的畫面**

- 以 SSH 連線後，會顯示 Amazon Linux 2 的畫面
- 此時，文字游標後面尚未輸入任何內容

```
  Using username "ec2-user".
  Authenticating with public key "imported-openssh-key"
Last login:


   _|  _|_  )
   _|  (     /    Amazon Linux 2 AMI
  _|\___|___|

https://aws.amazon.com/amazon-linux-2/
[ec2-user@ip-1
```

圖 3-28　　　　　　　**在 Amazon Linux 2 升級作業系統套件**

- 輸入以管理員權限升級套件的指令「sudo yum updata」，按下 Enter 鍵執行作業

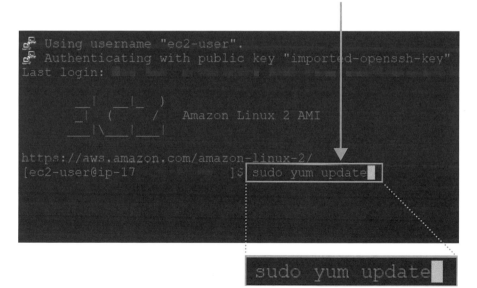

```
  Using username "ec2-user".
  Authenticating with public key "imported-openssh-key"
Last login:


   _|  _|_  )
   _|  (     /    Amazon Linux 2 AMI
  _|\___|___|

https://aws.amazon.com/amazon-linux-2/
[ec2-user@ip-17          ]$ sudo yum update
```

```
sudo yum update
```

Point

📄 開始使用 Linux 時，得先升級作業系統套件

📄 雲端服務多是由使用者升級作業系統

≫ 由 EC2 主控台來連線

直接由主控台連線的方法

3-12 和 **3-13** 解說了使用 SSH 的連線。SSH 連線需要各種準備工作,如在用戶端下載專用工具等,隨著管理員人數增加,處理起來也日益麻煩。而且,AWS 的 SSH 連線還有一個問題——無法取得詳細的存取日誌。

因此,最近多是將 Agent 安裝至執行個體,再直接由主控台連線。

圖 3-18 是 Session Manager 的連線,有時也會將代理軟體稱為 SSM Agent。這是**企業管理人員的基本連線方式之一**,其他還有序列連線等方法。

Session Manager 連線的準備作業

Session Manager 連線的準備作業,如下:

- 在執行個體安裝 SSM Agent(圖 3-29)
- 在執行個體建立專用的 **IAM 角色**,並進行連接(圖 3-30)

AWS 將 IAM 角色複雜地解釋為「可建立具有憑證、存取權帳戶的身分」。

以此例來說,IAM 使用者和 IAM 角色的差異在於,前者是 Session Manager 使用者賦予的 ID,而後者是 Session Manager 經由 SSM Agent **允許存取 EC2 執行個體、連接執行個體的機制**。

圖 3-29 Session Manager 連線的準備作業

- Amazon Linux 2 已有標準安裝 SSM Agent
- 在連動 CloudWatch 等的時候，有時得升級、安裝 SSM
- 也可參見官方的使用者指南
- 搜尋「aws linux2 執行個體 ssm agent 安裝」等關鍵字，可於使用者指南「在 Amazon Linux 2 執行個體手動安裝 SSM Agent」查看更多內容

圖 3-30 連接 IAM 角色

- 將角色連接至目標的 EC2 執行個體，使用已安裝的 SSM Agent

Point

✎ Session Manager 是企業管理人員的基本連線方式之一

✎ IAM 角色意謂對服務的操作權限，本節將 SSM Agent 的使用權限連接至執行個體

» 安裝網路伺服器功能與 IP 地址

安裝網路伺服器功能

本章的案例研究選擇網路伺服器,一路解說 EC2 需要的操作;尚未完成的操作,僅剩下安裝網路伺服器功能。

網路伺服器的功能,需要輸入專用指令安裝 **Apache**。就此案例而言,放到 **3-14** 升級作業系統套件後面執行,是比較有效率的做法。

Apache 的相關作業,統整如下(圖 3-31):

● **安裝 Apache**

● **啟動 Apache**

如此一來,目標的執行個體可發揮網路伺服器的功能。在 **3-12** 安全群組的設定,新增 HTTP 通訊以便由外部存取網頁,再於瀏覽器輸入自動指派的公有 IP,就可看見 Apache 的測試頁面。

取得指定的 IP 地址

網路伺服器不適合使用可變的 IP 地址,故選擇**取得指定的 IP 地址**。若有需要的話,也可取得並綁定指定域名。

AWS 指定的 IP 地址稱為**彈性 IP 地址**,除了網路伺服器外,也用於與外部系統的連動等(圖 3-32)。

圖 3-31 安裝並啟動 Apache

安裝 Apache
sudo yum install httpd

啟動 Apache
sudo systemctl start httpd.service

搭配關閉、重新啟動伺服器來啟動 Apache
sudo systemctl enable httpd.service

※ 網路伺服器功能採用 Apache 的例子

安裝
Apache

正確安裝並啟動 Apache 後，在瀏覽器輸入伺服器的 IP 地址，就會顯示 Apache 的測試頁面

- 以管理員權限「sudo」進行所需的初期設定
- 「systemctl」意謂服務管理
- 即便是自行架設伺服器，使用雲端服務時也要執行上述作業

圖 3-32 彈性 IP 地址的必要性

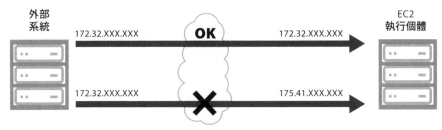

外部系統
172.32.XXX.XXX OK 172.32.XXX.XXX EC2 執行個體
172.32.XXX.XXX ✕ 175.41.XXX.XXX

- 例如，外部系統設定以 172.32.XXX.XXX 連線執行個體，一旦 IP 地址改變就無法連線
- 關閉和啟動 EC2 執行個體等，會造成 IP 地址改變

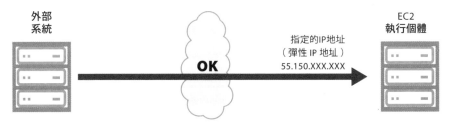

外部系統
指定的IP地址
（彈性 IP 地址）
55.150.XXX.XXX OK EC2 執行個體

- 有鑑於此，使用彈性 IP 地址指定連線的 IP 位置

Point

🖉 安裝並啟動 Apache，以便發揮網路伺服器的功能

🖉 彈性 IP 地址是指定連線 IP 的服務

第 3 章
安裝網路伺服器功能與 IP 地址

上傳內容

權限設定

前面啟動 Apache、取得 IP 地址，並整備了網路伺服器的功能。

剩下的作業僅有上傳當作首頁的 html 等內容，這裡也有如圖 3-26 的專用工具。利用該工具，上傳事前建立好的 html 等檔案。

這裡有一個跟雲端服務不同的**網路伺服器慣例**。

那就是權限設定，訂定可讀寫網路伺服器目錄等的權限（Permission）。這部分也是輸入專用的指令來執行（圖 3-33）。

網路伺服器的慣例

完成權限設定後，依慣例將檔案上傳至指定的目錄——「var/www/html」。如此一來，就可發揮網路伺服器的功能。

另外，AWS 也有名為 AWS LightSail 的網站服務。

前面解說了使用 EC2 建立網路伺服器。**遵從 Linux 伺服器的基本步驟、AWS 的設定順序與（網路）伺服器的慣例，就可於 AWS 上架設伺服器**（圖 3-34）。

在雲端建立可用伺服器的過程有些複雜，但只要掌握基本概念，處理起來一點都不困難。

圖 3-33 權限設定的例子

- 需要完成權限設定,才能夠從裝置傳送檔案至伺服器
- 按照網路伺服器(Apache)的慣例,在 var/www/html 底下存入內容檔案

權限設定的例子
sudo chmod 775 /var/www/html/

※ Amazon Linux 2 的例圖

可傳送檔案!

- 檔案傳送經常使用 FTP,但也可使用圖 3-26 的 WinSCP
- chmod 是設定、變更存取權(權限)的指令
- 775 是擁有者和特定群組有讀寫檔案目錄、執行所有內容的權限,其他使用者僅可讀取、執行

圖 3-34 Linux 伺服器、網路伺服器、AWS 的慣例彼此重疊

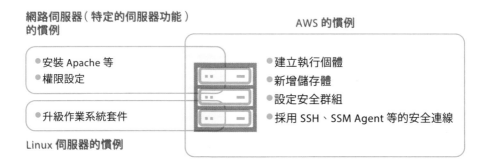

網路伺服器(特定的伺服器功能)
的慣例

AWS 的慣例

- 安裝 Apache 等
- 權限設定

- 升級作業系統套件

Linux 伺服器的慣例

- 建立執行個體
- 新增儲存體
- 設定安全群組
- 採用 SSH、SSM Agent 等的安全連線

- 雖然是小型網路伺服器,但混合了 Linux 伺服器、網路伺服器、AWS 各自的慣例(固定的作業)

- 不僅限於網路伺服器,其他伺服器、系統肯定也有類似的慣例

- 在確認 4-3 的檔案伺服器時,可活用地端部署時代的經驗,或者以 AWS 架構特定目的伺服器的經驗,經驗不足的人可選擇後者,比較容易完成

Point

✎ 建議事先掌握權限設定、網路伺服器特定目錄等的慣例

✎ 除了 AWS 的設定外,還要了解 Linux 伺服器、網路伺服器的慣例,才能夠順利架設伺服器

≫ 配合服務的規模

以中小型網路伺服器為主流

前面皆是以小型網路伺服器為例,説明如何建立 Amazon EC2 的執行個體。依目的架設可用的伺服器,除了執行個體外,還要確認資訊安全、慣例等各個項目。

在架設中小型網路伺服器的時候,一般多會選擇 ISP(Internet Service Provier:網際網路服務供應商)的租賃伺服器服務。經由租賃伺服器業者取得域名並租借伺服器,就可立即使用相關服務。

除了網路伺服器外,也已完成 FTP 伺服器功能、DNS 的設定,不需要顧慮權限設定、目錄位置,直接將檔案上傳至根目錄即可。然後,在資料庫、CMS(Content Management System)方面,若需要熱門的 WordPress 等,申請後就可立即串接相關服務(圖 3-35)。

以 AWS 架設網路伺服器

已有企業以 AWS 架設網路伺服器提供中型以上的網路服務。例如,如圖 3-36 目前有點難以理解的系統架構。

這是含有大量圖片等內容的例子,使用了第 4 章將解説的 Amazon S3 等服務,視需求也可於 EC2 後端實作資料庫。

然後,AWS **也有近似租賃伺服器服務的 Amazon LightSail,可相對簡單地架設網路伺服器。**

圖 3-35 **ISP 租賃伺服器的便利性**

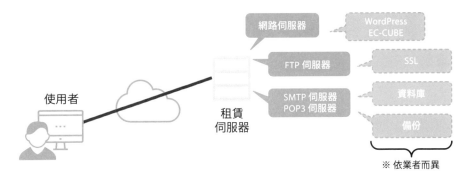

● 取得域名、簽約租賃伺服器後，就會設置 Web、FTP、SMTP、POP3 伺服器並分派 IP 地址

● 只要使用 FTP 軟體，立即就可上傳內容（不需顧慮 **3-17** 的權限、目錄）

● 知名的 ISP 亦有提供電子郵件等服務，適合各種不同的使用情境

圖 3-36 **含有大量內容的網路伺服器**

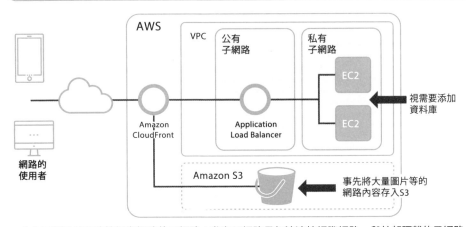

● 公有子網路是可連接網際網路的子網路；私有子網路是無法連接網際網路、與外部隔離的子網路

● 雖然也有於公有子網路部署 EC2 的架構，但此例採用 Application Load Balancer 分散多個 EC2 的負載

● Amazon CloudFront 是內容交付（content delivery）的服務，根據連接源頭的位置，由低網路延遲的鄰近位置發布內容，以提升回應速度

Point

🖉 實際架設中小型網路伺服器的時候，多會使用 ISP 的租賃伺服器服務

🖉 AWS 適用中大型網路服務，亦有提供近似租賃伺服器的服務

嘗 試 看 看

閱覽操作指南～其一～

第 3 章介紹了閱覽官方操作指南的實作方法。雖然習慣後就沒有問題,但 AWS 操作指南的部分內容難以理解,許多人起初會讀得相當辛苦。

這邊就來嘗試閱覽官方的操作指南。

建立 EC2 是最基本的操作指南之一。如圖 3-20 所示,搜尋「amazon ec2 執行個體 建立」等關鍵字。

搜尋引擎的輸入範例

amazon ec2 執行個體 建立　　　　　　　　　　　　　　　Q

搜尋結果會出現相關的操作指南、相關文章,點選「教學課程:使用 Amazon EC2 Linux 執行個體」。

輕鬆快速搜尋

當在 AWS 遇到不懂的地方時,可如上於搜尋引擎輸入關鍵字,輕鬆找到目標的 AWS 官方網站、操作指南。

開始使用 AWS 後,也常於管理主控台的搜尋欄位,輸入關鍵字前往想要的服務,既輕鬆又快速。

第 **4** 章

使用 Amazon S3

～具有雲端特色的儲存服務～

» 常見的儲存服務

Amazon S3 的特色

第 3 章解說了 AWS 最具代表性的 Amazon EC2 服務,而本章將會舉例並解說同樣具有代表性的 Amazon S3。

Amazon S3 的正式名稱為 Amazon Simple Storage Service,可依各種用途從小規模一路擴展,具備高可用性、低成本的物件儲存服務。除了當作線上存取的儲存體,亦可用於靜態網頁。其特色整理如下(圖 4-1):

● 存取儲存體:利用 HTTPS 通訊協定

● 可擴展性:根據使用者的需求,從小容量到超大容量皆可彈性利用

● 高可用性:AWS 實踐了 99.999999999%(9×11)的可用性

● 成本優勢:即便是標準方案,10GB 空間也僅需支付 0.25 美元,價格低廉,堪稱業界之最

關於物件儲存體和檔案儲存體的差異,留待 **5-10** 再解說。

企業的利用例子

Amazon S3 系統**常用於保管備份、大容量檔案**,部分企業組織會當作代替檔案伺服器的**共享檔案機制**(圖 4-2)。**4-3** 以後會討論可供個人操作的檔案共享案例。

圖 4-1 Amazon S3 的特色

可擴展性：
根據使用者的需求，
從小容量到超大容量
皆可彈性使用

高可用性：
實踐 99.999999999（9×11）%
的可用性

存取儲存體：
HTTPS 通訊協定

成本優勢：
10GB 支付 0.25 美元等的
低廉價格

- Amazon S3 是建立名為儲存貯體（Bucket）的邏輯容器，故經常比喻為巨大的水桶
- Amazon S3 通常是單獨使用，而同為儲存服務的 Amazon EBS 則跟 EC2 搭配使用

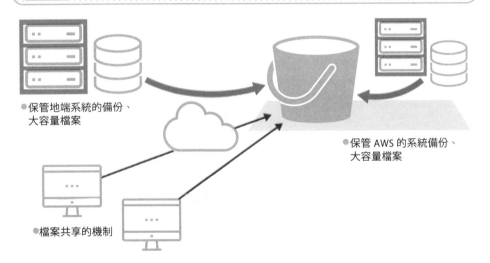

圖 4-2　企業使用 Amazon S3 的例子

- 保管地端系統的備份、大容量檔案

- 保管 AWS 的系統備份、大容量檔案

- 檔案共享的機制

Point

🖉 Amazon S3 是與 Amazon EC2 並列的知名 AWS 服務

🖉 儲存服務常用於保管備份、大容量檔案、檔案共享等

》 全球性的儲存服務

廣大的儲存服務

由前面介紹的基本特色可知，Amazon S3 是具備高靈活性、高耐久性、成本優勢的儲存服務。

其中，跨區域複寫（Cross-Region Replication）的功能，可享受全球部署儲存服務所帶來的優勢。

跨區域複寫是在地理區域間複製 Amazon S3 的功能。例如，即便某地理區域發生大規模災難，只要由其他地理區域的副本資料復原，便可繼續使用服務。如 **1-2** 所述，這是超巨大雲端服務的主要優勢之一，能夠自動複製至三個以上的地理區域。只要完成複寫的設定，主要地理區域建立的檔案就會自動複製到其他的地理區域（圖 4-3）。

找出最佳類別

除此之外，S3 服務的特色還有，可設定多樣的儲存類別（Storage Classe）。根據保存的資料用法、需求，Amazon S3 可選擇標準、智慧型分層、不常存取、其他儲存等類別（圖 4-4）。

由於有不同的儲存類別，起初可先選擇標準類別來使用，若實際的存取頻率不高，則換成不常存取的類別；反之，若存取頻率高且沒有規則，則換成智慧分層的類別。

如 **1-9** 解說的定價收費，**依系統的使用情境選擇服務**，是所有 IT 資源共通的思維。

圖 4-3　　跨區域複寫的概念

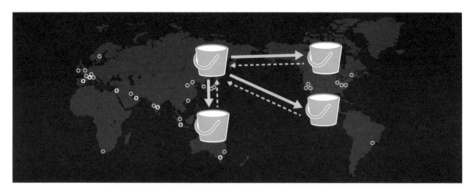

● 例如，東京區域的 S3 可複製至北美等地理區域
● 發生意外時，可嘗試從其他區域復原
● 使用者想要利用跨區域複寫時，可於儲存貯體管理的複寫規則來設定

圖 4-4　　　　　　儲存類別的概念

儲存類別	目標資料
S3 標準（S3 Standard）	存取頻率高的資料
S3 標準 – IA （S3 標準 – 不常存取）	長期利用但存取頻率低的資料
S3 單區域 – IA （S3 單區域 – 不常存取）	長期利用但存取頻率低、重要性低的資料
S3 智慧型分層 （S3 Intelligent-Tiering）	無法預測存取規則的資料
S3 Glacier	長期資料封存、數位保存的資料
S3 Glacier Deep Archive	長期資料封存、數位保存、一年存取 1 或者 2 次、需要保存 7 ～ 10 年或者更長時間的資料

● 搜尋「AWS S3 儲存類別（使用、比較）」等關鍵字，根據 AWS 官網資訊、檔案屬性中儲存類別的相關內容來建立儲存

● 預設類別為 S3 標準，上傳時可於屬性選擇其他類別

※ 整理自 AWS 官網的「Amazon S3 儲存類別」「使用 Amazon S3 儲存體方案」

Point

🖉 跨區域複寫是 AWS、Amazon S3 特有的大型服務

🖉 留意儲存類別的差異，檢討使用最佳的類別

≫ 檔案共享服務與檔案伺服器的差異

雲端以檔案共享服務為主流

企業組織一般是先架設檔案伺服器,再按職員的所屬單位、權限等共享檔案。在雲端問世以前,這是地端部署時代的標準作法。然而,隨著雲端服務的導入,除了在雲端上建立檔案伺服器外,也有小型組織、私人團體等選擇活用雲端特性的檔案共享服務,簡單地共享檔案(圖 4-5)。

Amazon S3 可相對簡單地實踐檔案共享服務,後續章節會解說運用 Amazon S3 的檔案共享服務例子。

在此之前,先來看它與檔案伺服器的差異。

檔案伺服器的架設方式

檔案伺服器已有標準的規格,各伺服器作業系統的基本架構是固定的。下面就深入介紹,以供讀者參考使用。

企業的伺服器作業系統通常採用 Windows Server,選擇、設定裡頭的檔案伺服器功能。雖然也有企業選用 Linux 作業系統,但需要安裝 Samba 等軟體來利用。地端部署的檔案伺服器,基本上是選擇其中一種來運用(圖 4-6)。

當然,也可選擇在雲端上架設檔案伺服器,但**利用 AWS、雲端業者提供的儲存服務,亦可簡單地實踐檔案共享**。

下一節將會解說 Amazon S3 的檔案共享服務例子。

圖 4-5 **從檔案伺服器演進至檔案共享服務**

利用檔案伺服器

檔案
伺服器

檔案

用戶端
（例：相同場所）

- 以地端部署為主流的時代，是架設檔案
  伺服器來共享檔案

利用檔案共享服務

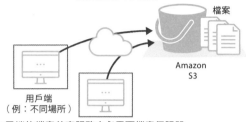

檔案

Amazon
S3

用戶端
（例：不同場所）

- 雲端的檔案共享服務未必需要檔案伺服器
- 與地端部署不同，可選擇多樣的用戶端場所
- Amazon S3 等，可以儲存體簡單地操作、提供服務

圖 4-6 **架設檔案伺服器**

Windows Server 的「選取伺服器角色」

Linux（CentOS）的 Samba 安裝畫面

Windows Server 的「選取伺服器角色」

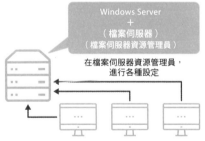

在檔案伺服器資源管理員，
進行各種設定

Linux 的檔案伺服器

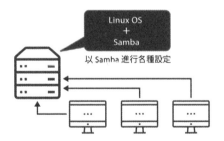

以 Samba 進行各種設定

Point

- 地端時代以檔案伺服器為主流，而雲端時代逐漸轉向檔案共享服務

- Amazon S3 可相對簡單地操作檔案共享服務

第 4 章

檔案共享服務與檔案伺服器的差異

115

》　檔案共享的例子

以 Amazon S3 實踐檔案共享

本節將會解說 Amazon S3 的檔案共享例子，根據共享檔案的作法，操作方式有所不同。**依共享的組織、人員區分**，如下所示（圖 4-7）：

❶ 依組織部門、工作群組共享（參見 **4-7**）

對 Amazon S3 儲存貯體內的檔案，賦予各 IAM 使用者適當的存取權。IAM 使用者可使用管理主控台以共享檔案

❷ 與顧客、外部人員短暫共享（參見 **4-8**）

藉由電子郵件等方式，將具使用期限的存取網址交給對方。用於欲短暫共享檔案的業務夥伴之間。

❸ 公開檔案共享（參見 **4-8**）

公開當作靜態網頁，允許任何人存取圖片、文件等。雖然方便，但因任誰皆可瀏覽檔案，需要注意安全防護、檔案內容。

當然，如 **4-1** 所述，S3 也可當作系統的儲存體。

檔案共享的事前準備

基本上，在開始檔案共享之前，**必須事先決定使用者及其使用方式**。而在實際使用 Amazon S3 的時候，**還要規劃資料夾與底下檔案的存放方式、存取權限等**。藉由準備過程，找出適當的共享方式（圖 4-8）。

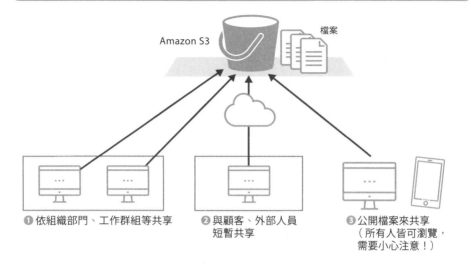

圖 4-7　　　　Amazon S3 的檔案共享

Amazon S3　　　　檔案

❶ 依組織部門、工作群組等共享　　❷ 與顧客、外部人員短暫共享　　❸ 公開檔案來共享（所有人皆可瀏覽，需要小心注意！）

圖 4-8　　　　檔案共享服務的事前準備

誰是使用者？其使用方式？

Amazon S3　　　　檔案

資料夾與底下檔案的存放方式？

各個使用者的資料夾、檔案存取權限？

Point

✎ 藉由 Amazon S3 可共享檔案，但依共享的組織、人員、檔案存取方式等，操作方式有所不同

✎ 檔案共享服務需要做好事前準備

》 建立儲存貯體

建立時所需的資訊

若想要使用 Amazon S3 共享檔案，**得於 AWS 管理主控台選擇 Amazon S3，建立裝存檔案的容器**——儲存貯體（Bucket）。儲存貯體的創建一定要使用 Amazon S3。

建立儲存貯體的時候，需要儲存貯體名稱。此處輸入的儲存貯體與其名稱，既是 **4-8** 將解說的物件網址 URL，同時也可視為唯一的網頁。**且不可與其他儲存貯體名稱重複**。

在 S3 的主控台點選「建立儲存貯體」，前往建立頁面輸入下列項目（圖 4-9）：

❶ 儲存貯體名稱

公開網址 URL 時會成為路徑的一部分，建議取簡短的名稱。

❷ AWS 區域

若由日本國內存取的話，基本上選擇亞太區域（東京）。

初次建立時可直接忽視「從現有儲存貯體複製設定」選項。

完成後就會顯示儲存貯體

除此之外，還有公開存取、儲存貯體版本、預設加密等設定，但初次操作可先略過，直接建立儲存貯體即可。完成後，就會顯示儲存貯體（圖 4-10）。

圖 4-9　　建立儲存貯體的概要

儲存貯體名稱
例：awsnoshikumi

AWS 區域
若主要由日本國內存取，
基本上選擇亞太區域（東京）

Amazon S3 〉 儲存貯體 〉 建立儲存貯體

建立儲存貯體 Info
儲存貯體是存放在 S3 中資料的容器。進一步了解 ☑

一般組態

儲存貯體名稱

awsemiyahiro

儲存貯體名稱必須是全域唯一的，且不得包含空格或大寫字母。請參閱儲存貯體命名規則 ☑

AWS 區域

亞太區域 (東京) ap-northeast-1　　　　　　　　　　　　　　▼

從現有儲存貯體複製設定 - *適用*
只會複製下列組態中的儲存貯體設定。

選擇儲存貯體

初次建立時可先略過

※Amazon S3「建立儲存貯體」的部分頁面

- 其他還有公開存取（可否當作網頁來存取）、儲存貯體版本（由 S3 端管理檔案的版本）、預設加密（伺服器端的加密）等設定項目
- 初次使用 AWS 管理主控台時，若是不知該如何進入 Amazon S3 的頁面，可由選單中的「All services」搜尋，或者於搜尋欄位輸入 S3 前往

圖 4-10　　完成的儲存貯體

儲存貯體 (1) Info
儲存貯體是存放在 S3 中資料的容器。進一步了解 ☑

複製 ARN　　空的　　刪除　　建立儲存貯體

🔍 依名稱尋找儲存貯體
〈 1 〉 ⚙

名稱 ▲	AWS 區域 ▽	存取 ▽	建立日期 ▽
◯ awsnemiyahiro	亞太區域 (東京) ap-northeast-1	儲存貯體和物件非公開	2022年8月30日 pm3:49:43 CST

※ Amazon S3「建立儲存貯體」的部分頁面

- 完成建立後，會如上顯示儲存貯體名稱
- 點擊儲存貯體名稱，可再次變更各種設定

Point

✎ 先於 Amazon S3 建立裝存檔案的儲存貯體

✎ 儲存貯體名稱即是網址的一部分，不可與他人重複

第 4 章

建立儲存貯體

》 儲存貯體的內容

在儲存貯體建立資料夾

前面完成儲存貯體後，接著來建立資料夾。使用資料夾，將儲存貯體內的物件、檔案分群。

建立資料夾後，按資料夾設定允許可存取的使用者。這跟企業內部的檔案伺服器僅允許部分人員瀏覽特定資料夾用意相同。

操作時選取儲存貯體，再點擊「建立資料夾」，輸入名稱，選擇伺服器端加密等項目，完成資料夾（圖 4-11）。

檔案上傳與存取權限

建立資料夾後，上傳想要共享的檔案。

選取目標資料夾後點擊「上傳」，選擇欲上傳的檔案。完成操作後，會顯示「上傳成功」（圖 4-11）。

上傳檔案的操作權限會因使用者而異，例如，具讀取權限的使用者，可確認、下載檔案內容。

就檔案共享的觀點而言，管理員、S3 中具管理權限的 IAM 使用者，能夠建立儲存貯體、資料夾與上傳檔案。除此之外，**還得設定檔案共享的其他使用者與權限**（圖 4-12）。

下一節將會舉例討論 **1-8** 的 IAM 使用者。

圖 4-11　　　　　　　　　　　　　建立資料夾與上傳檔案

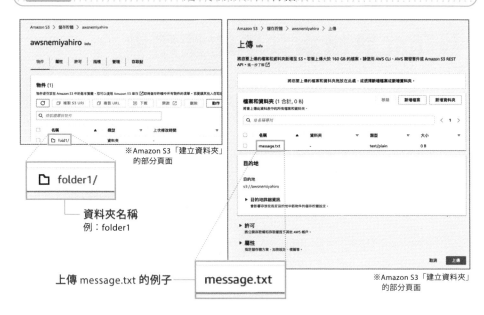

※Amazon S3「建立資料夾」
的部分頁面

資料夾名稱
例：folder1

上傳 message.txt 的例子

※Amazon S3「建立資料夾」
的部分頁面

圖 4-12　　　　　　　　AWS 服務需要使用者常態管理

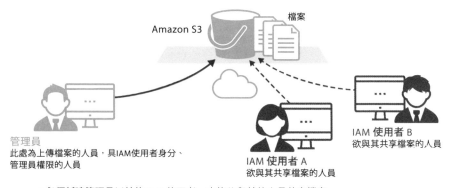

管理員
此處為上傳檔案的人員，具IAM使用者身分、
管理員權限的人員

IAM 使用者 A
欲與其共享檔案的人員

IAM 使用者 B
欲與其共享檔案的人員

- 必須新建管理員以外的 IAM 使用者，才能夠與其他人員共享檔案
- 也得編輯各使用者的檔案存取權限

Point

/ 在儲存貯體中建立資料夾，並將檔案上傳至該資料夾底下

/ 共享檔案的時候，也得管理使用者、設定權限

≫ 設定允許檔案共享的使用者

新建 IAM 使用者

Amazon S3 的儲存貯體必須新增使用者，才可用來做為檔案共享容器。本節將會新增 IAM 使用者來共享檔案。

前面在 Amazon S3 建立儲存貯體後，於裡頭設立資料夾、上傳檔案；這些全是由具 Administrator 權限的 IAM 使用者來執行。

接著，在 IAM Management Console 新增共享檔案的使用者。這對使用者來說，是相當重要的管理操作。

此處新增的使用者，僅賦予「AmazonS3ReadOnlyAccess」政策（權限）（圖 4-13）。

以新的使用者登入後，可開啟 Amazon S3 資料夾的檔案確認內容，也能夠下載檔案。然而，由於是設定 ReadOnlyAccess，想要重新命名檔案時，會顯示無法存取的訊息（圖 4-14）。

管理 IAM 使用者很重要

接下來嘗試不一樣的操作，比如將新的使用者政策設定成「AmazonEC2ReadOnlyAccess」等，改為對 S3 的儲存貯體不具任何權限的使用者。重新登入並存取儲存貯體，會顯示跟前面一樣的不允許存取的訊息。

如上所述，需小心留意 IAM 使用者的登錄與政策設定。**在其他的 AWS 服務，IAM 使用者的設定與管理也是重要的基本項目**

圖 4-13　　　　　　　　　　　　　　新建 IAM 使用者

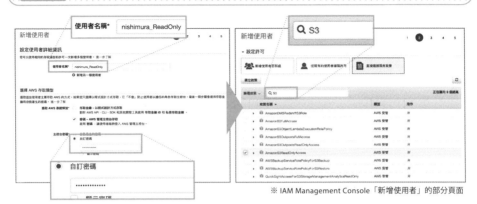

※ IAM Management Console「新增使用者」的部分頁面

- 使用者名稱填寫「nishimura_ReadOnly」
- 輸入自訂密碼

- 在篩選政策欄位搜尋「S3」，底下會顯示 Amazon S3 的相關政策
- 這裡示範選擇「AmazonS3ReadOnlyAccess」
- 關於 IAM 使用者、IAM政策，細節留到 **9-2** 再解說

圖 4-14　　　　　　　　　　　若設定的政策不適當……

※ IAM 主控台「新增使用者」的部分頁面

- 以「AmazonS3ReadOnlyAccess」政策的 nishimura_ReadOnly 登入，嘗試變更 message.txt 的名稱，會顯示權限許可不足，無法重新命名

Point

✎ IAM 使用者的政策設定，可決定各種 AWS 服務的操作權限

✎ IAM 使用者的設定與管理是重要的基本事項

第 **4** 章

設定允許檔案共享的使用者

» 與外部暫時共享檔案

使用 URL

由檔案共享服務的觀點來看，除了組織內部外，也有可能與外部人員共享檔案。經由網際網路儲存的 Amazon S3，也能夠滿足這類需求。

如前所述，組織內部的檔案共享，可藉由建立 IAM 使用者簡單操作。除此之外，還有拒絕外部人員成為 IAM 使用者的方法。

例如，Amazon S3 中的儲存貯體、資料夾、檔案，本身自帶唯一物件 URL（圖 4-15）。已上傳 S3 的檔案，可由儲存特性呼叫物件（參見 **5-10**）。

公開當作網頁

IAM 使用者、非 AWS 使用者皆可存取該 URL 網址。雖然會受檔案種類、對方的安全環境所影響，但只要使用瀏覽器前往 URL 就可共享檔案。因此，用於靜態網頁的時候，不妨利用對外公開的功能。不過，儲存貯體、檔案要事前設定為公開存取（圖 4-16）。

只要能夠連接網路的人，皆可觀看資訊，但必須留意此設定所涉及的風險。
有鑑於此，也有預先簽章的 URL 等方法，將 URL 設成極短的有效期限，過期後自動跳轉外部網路。不過，跟公開設定的功能一樣得留意風險。

圖 4-15 物件 URL 的例子

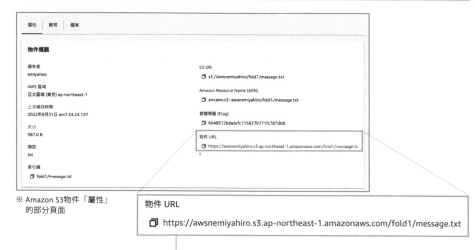

※ Amazon S3物件「屬性」的部分頁面

物件 URL

https://awsnemiyahiro.s3.ap-northeast-1.amazonaws.com/fold1/message.txt

- 檔案（物件）指派到的固定物件 URL
- 裡頭包含儲存貯體名稱、資料夾名稱、檔案名稱

圖 4-16 存取檔案的設定例子

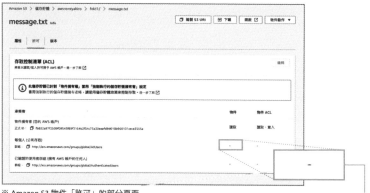

※ Amazon S3 物件「許可」的部分頁面

- 未顯示可公開存取，此狀態無法由外部存取
- 由於「封鎖所有公開存取」，需將設定改為解除封鎖

Point

✎ 與外部共享檔案的時候，可使用物件 URL、預先簽章的 URL

✎ 設定公開存取後，可當作網頁來使用，但需要留意隱含的風險

≫ 進行備份

備份地端系統

如 **4-1** 所述，Amazon S3 因其本身的特性，經常用於備份、保存大容量檔案，**已有實際案例用來備份地端系統**。當發生故障的時候，可藉事先存於雲端的備份資料來復原（圖 4-17）。

Amazon S3 早期多是此工作型態，如今也有許多企業仿效利用。

到目前為止，各位應該已深入了解 Amazon S3 的操作與 IAM 使用者。接著來簡單介紹實際上如何備份地端系統。

備份的準備作業

備份地端系統大致分為下列步驟（圖 4-18）：

步驟 1：建立專門備份的 IAM 使用者

　　建立專門處理備份、具有管理員權限的使用者。

步驟 2：安裝 **AWS CLI**（Command Line Interface：命令列介面）

　　在地端裝置安裝 AWS CLI。

步驟 3：建立專門備份的儲存貯體，以 CLI 製作命令腳本

　　建立專門備份的 S3 儲存貯體，以 CLI 製作並執行命令腳本。

要對 IAM 使用者有一定程度的了解，才有辦法使用 S3 來備份。

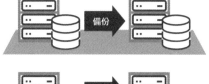

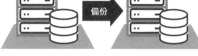

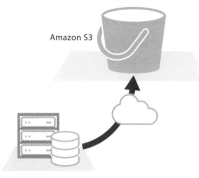

圖 4-17 ・・・・・・・・・・・・・・・ 地端系統的備份演進

雲端問世以前

雲端問世以後

Amazon S3

- 雲端問世以前的地端系統，是在相同或者不同場所定期備份

- 雲端問世以後的地端系統，通常是備份至雲端的儲存體等

圖 4-18 ・・・・・・・・・・・・・・・ 備份的操作步驟

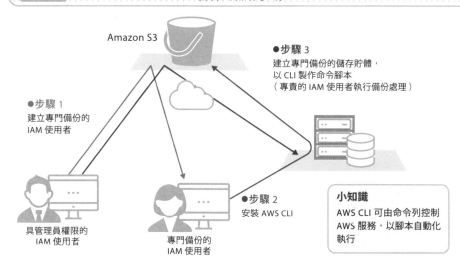

Amazon S3

- **步驟 3**
建立專門備份的儲存貯體，
以 CLI 製作命令腳本
（專責的 IAM 使用者執行備份處理）

- **步驟 1**
建立專門備份的
IAM 使用者

- **步驟 2**
安裝 AWS CLI

小知識
AWS CLI 可由命令列控制
AWS 服務，以腳本自動化
執行

具管理員權限的
IAM 使用者

專門備份的
IAM 使用者

- 搜尋「AWS S3 備份 CLI」等關鍵字，可查看 AWS 官方網站的教學課程
- 以 CLI 指令將檔案傳至 S3 時，一般是經由網際網路傳送，根據備份資料的機密性、檔案容量，也可使用專用線路或者其他傳送方式

Point

🖉 Amazon S3 也常用於備份地端系統

🖉 備份時也需建立 IAM 使用者，導入新的服務都少不了 IAM 使用者

》 架設檔案伺服器

兩個架設檔案伺服器的例子

本章主要是講解 S3 的檔案共享，但企業也可於 AWS 上架設檔案伺服器。

在 AWS 上架設檔案伺服器時，有下列兩個簡單的例子（圖 4-19）：

- 利用受管服務（Managed Services）的 **FSx for Windows**（Amazon FSx for Windows File Server）

- 以 Amazon EC2 + Amazon Elastic Block Store 等，**使用者自行架設檔案伺服器**

受管服務是可立即使用特定功能的服務，FSx for Windows 是檔案伺服器的受管服務。

檔案伺服器通常以專用線路連接

如同地端伺服器以企業內部的 LAN 連接，檔案伺服器**基本上不會藉由網際網路操作**，而是經由與專用線路連接的 AWS Direct Connect，連線 VPC 私有子網路內的 FSx、EC2（圖 4-20）（關於 VPC、私有子網路，細節留到第 6 章再講解）。

另外，部分企業除了 Windows Serve 外，也會利用微軟的 Active Directory 管理使用者、控制存取。在此種情況下，AWS 也有提供連動 Active Directory 驗證資訊的服務。

圖 4-19　　　　　　　　　檔案伺服器的兩個用例

利用受管服務

Amazon FSx
for Windows File Server

使用者自行架設檔案伺服器

Amazon EC2
＋
Amazon Elastic Block Store 等

圖 4-20　　　　　　　　　檔案伺服器的整體架構

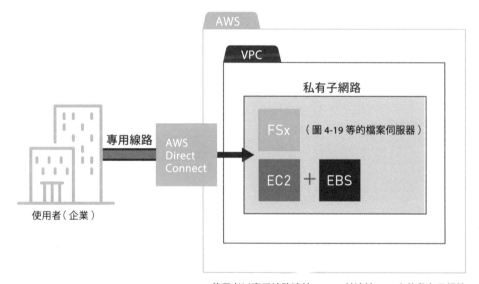

- 使用者以專用線路連接 AWS，並連線 VPC 上的私有子網路
- 利用微軟的 Active Directory 時，AWS 也有提供連動驗證資訊的服務

※ 關於 VPC 和私有子網路，細節留待 **6-4** 再講解

Point

🖉 AWS 的檔案伺服器架設，可簡單利用受管服務或者 EC2 等自行操作

🖉 檔案伺服器基本上不會藉由網際網路連接

嘗試看看

製作步驟文件

第 3 章後半部解說網路伺服器的架設方式。實際架設伺服器的時候，可參考如圖 3-34 的慣例，藉由製作步驟文件具體規劃操作方式，加深自身的理解。

下面嘗試模擬步驟文件的製作，設想以 EC2 製作第一個執行個體的情況。

製作執行個體的步驟文件

例 1	❶ 選擇 AMI ❷ 選擇執行個體類型 ❸ 設定執行個體 ❹ 新增儲存 ⋮ ⋮
例 2	首先，開啟 EC2 主控台（儀表板）。 接著，點擊「啟動執行個體」。 螢幕顯示步驟 1 的 Amazon 機器映像檔頁面。 ⋮ ⋮

上述兩個例子，實作時比想像中還要困難。

何謂簡單易懂的步驟文件？

僅以文字傳達內容時，必須如例 2 那樣仔細描述才能傳達完整的意思。

本書也是採用文字介紹，輔以畫面截圖來幫助理解。

許多由雲端整合商或個人執筆的文章都具有參考價值，各位不妨閱讀自己感興趣的主題內容。

雲端的相關技術

～從雲端業者的角度出發～

» 雲端服務的分類

按服務分類

雲端可按服務分成 IaaS、PaaS、SaaS。**AWS 相當於 IaaS、PaaS**，三者的差異如下（圖 5-1）：

- **IaaS（Infrastructure as a Service：基礎設施式服務）**

  雲端業者提供伺服器、網路設備、作業系統的服務，使用者得自行準備中介軟體、開發環境、應用程式。

- **PaaS（Platform as a Service：平台式服務）**

  除了 IaaS 外，亦提供資料庫等中介軟體、應用程式的開發環境。

- **SaaS（Software as a Service：軟體式服務）**

  利用應用程式與其功能的服務，使用者僅需設定、變更應用程式。

AWS 本身未提供 SaaS

在 AWS 當中，第 3 章建立 EC2 執行個體的服務相當於 IaaS，而第 7 章以後的資料庫、開發環境等的服務相當於 PaaS。

如 **1-13** 所述，雖然 AWS 本身未提供 SaaS，但卻能提供合作夥伴的基本服務。因此，欲利用特定的雲端服務時，**可於 AWS SaaS Portal 合作夥伴企業的服務列表**（圖 5-2），個別確認相關細節。

圖 5-1 IaaS、PaaS、SaaS 的關係

硬體	軟體	軟體	軟體
伺服器、網路設備	OS：Windows Server、Linux 等	輔助應用程式的中介軟體	業務等的應用程式
		軟體 應用程式的開發環境	

IaaS

- 使用者自行準備中介軟體、開發環境（視需要而定）、應用程式，實作於 IaaS 伺服器上
- 部分雲端業者可添加服務項目，讓 IaaS 擁有近似 PaaS 的功能

PaaS

使用者於 PaaS 伺服器上實作應用程式

SaaS

使用者僅使用、設定業者提供的應用程式

圖 5-2 AWS SaaS Portal 的頁面（沒有中英頁面）

AWS SaaS Portal 首頁

SaaS 合作夥伴企業的例子

AWS SaaS Portal 列舉了合作夥伴企業的 SaaS

資料來源：AWS首頁「AWS SaaS Portal～SaaS によるビジネス展開『成功のカギ』～」
（網址：https://aws.amazon.com/jp/local/isv-saas-portal/）

Point

🖉 AWS 服務相當於 IaaS、PaaS

🖉 在 AWS SaaS Portal，可確認合作夥伴企業提供的 SaaS

≫ 根據人才選擇雲端服務

需求因人才而異

若能夠活用 AWS 等雲端服務的話,除了提升資訊系統的業務效率外,也可利用新服務創造商業點子。

下面來看藉由雲端服務,資訊系統的監控人員、工程人員、終端使用者(圖 5-3),三者將會如何改變、得到什麼好處(圖 5-4)。

● **監控人員**

IT 設備換成雲端業者的服務後,不需要排除故障、保養維護,甚至還可省去監視業務。注重硬體效能時可選擇 IaaS,但 PaaS、SaaS 也可大幅減輕工作負擔。

● **工程人員**

PaaS 本身已含開發環境。開發環境、正式環境過去有架設規模、調整時機等課題,但雲端不僅可隨時變更,也整備了最新的開發環境,令人感到放心。

● **終端使用者**

實踐行動存取、系統分散多個地區等,藉由 SaaS 確實提升系統的潛在能力。

服務類型取決於使用對象

本節以使用對象的角度切入,**在上雲準備遷移的系統、新導入的系統時,若能夠釐清使用對象的話,就可明確決定使用何種服務。**

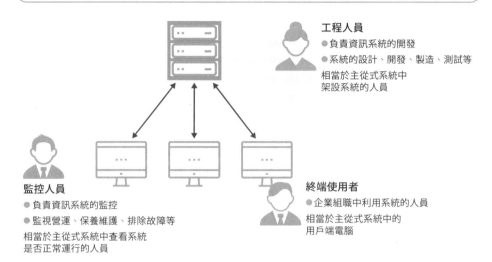

圖 5-3　監控人員、工程人員、終端使用者的關係

工程人員
- 負責資訊系統的開發
- 系統的設計、開發、製造、測試等

相當於主從式系統中
架設系統的人員

監控人員
- 負責資訊系統的監控
- 監視營運、保養維護、排除故障等

相當於主從式系統中查看系統
是否正常運行的人員

終端使用者
- 企業組織中利用系統的人員

相當於主從式系統中的
用戶端電腦

圖 5-4　監控人員、工程人員、終端使用者獲得的好處

監控人員注重的部分
≒ IaaS
好處：不需要監視營運、排除故障、保養維護等

硬體	軟體	軟體	軟體
伺服器、網路設備	OS：Windows Server、Linux 等	輔助應用程式的中介軟體 / 軟體 應用程式的開發環境	業務等的應用程式

工程人員注重的部分
≒ PaaS
好處：已架設正式環境、開發環境

終端使用者注重的部分
≒ SaaS
好處：更多的便利性

Point

✎ PaaS 是工程人員的福音

✎ 上雲的需求因人而異，可從使用者的角度來出發

≫ 設立虛擬公司

租借空間與租借房間

許多人會認為雲端業者，就是提供伺服器、儲存體（IaaS）、開發環境（SaaS）等，如 **2-8** 所述，**在公共雲上操作私有雲的虛擬網路服務**，稱為 **VPC**（Virtual Private Cloud）（圖 5-5）。

VPC 是在雲端建立相當於資料庫的虛擬空間，配置伺服器、儲存體（IaaS）或者使用 PaaS 服務。

若說自家資料中心是間實際存在的公司，則 VPC 私有雲的資料中心就好比虛擬企業。網路銀行或實體銀行的線上窗口等，就是金融機構在網路世界的分行。

連接虛擬網路

在雲端業者資料中心內架設的 VPC 虛擬網路，是以 VPN、專用線路等連接自家公司的網路。

VPC 內的虛擬伺服器、網路設備會分配到私有 IP 地址，相關細節留待 **6-5** 再解說；**也可連接自家公司網路指定、存取伺服器等的 IP 地址**（圖 5-6）。

儘管預計架設私有雲，但想要先體驗小規模、功能限定的情況，也可以 VPC 規劃。

圖 5-5

VPC 可實踐的項目

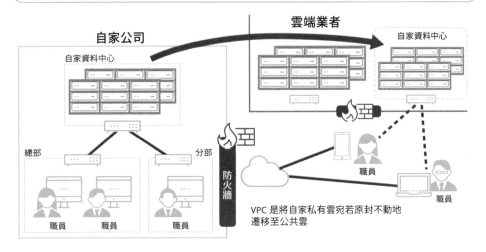

VPC 是將自家私有雲宛若原封不動地
遷移至公共雲

VPC 的工作原理

圖 5-6

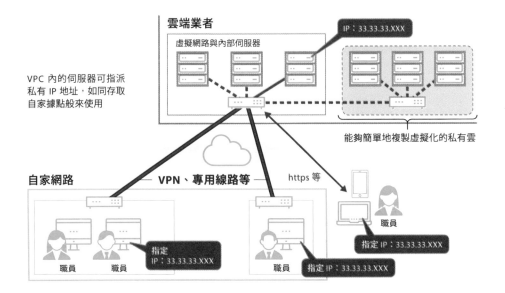

Point

✐ 公共雲可藉由 VPC 操作私有雲

✐ VPC 可存取自家網路內部的 IT 資源來連線

≫ 管理大量的 IT 資源

控制器的存在

本節將會講解雲端業者如何管理 IT 資源,可視為實際操作雲端服務時的參考。

雲端業者的資料中心有名為控制器的伺服器,用以**統一管理監控服務**。

集中管理虛擬伺服器、驗證使用者等的控制器,**相當於主從式系統中的伺服器**。由當作控制器的伺服器,管理其他大量的伺服器、儲存體、網路設備等(圖 5-7)。

如上所述,控制器是實作雲端服務的必備功能。若預計自行架設私有雲,建議學習控制器或者具備類似功能的軟體。

控制器所需的功能

控制器需要的軟體功能,整理如下:

● 管理虛擬伺服器、網路設備、儲存體(圖 5-8)

● 分配資源(依使用者指派)

● 驗證使用者

● 管理運行情況

為了管理大量的伺服器等資源,控制器當然也要利用資料庫。控制器是伺服器中的伺服器,基本上類似主從式系統的伺服器。

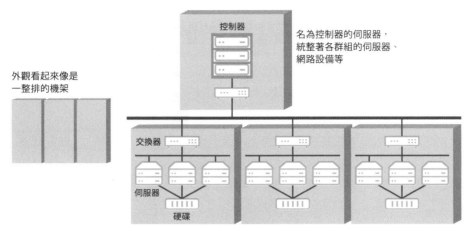

圖 5-7　控制器的示意圖

控制器

名為控制器的伺服器，
統整著各群組的伺服器、
網路設備等

外觀看起來像是
一整排的機架

交換器

伺服器

硬碟

這是私有雲等有限規模的架構

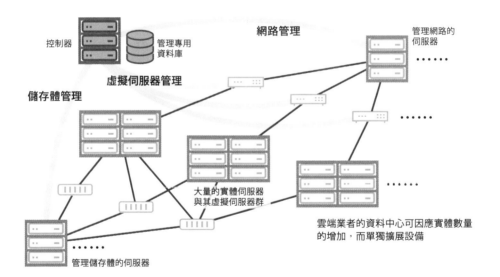

圖 5-8　控制器的主要功能

控制器

管理專用
資料庫

網路管理

管理網路的
伺服器

虛擬伺服器管理

儲存體管理

大量的實體伺服器
與其虛擬伺服器群

雲端業者的資料中心可因應實體數量
的增加，而單獨擴展設備

管理儲存體的伺服器

Point

✎ 雲端服務有名為控制器的伺服器，用以管理大量資料

✎ 控制器相當於主從式系統中的伺服器

≫ 以 IaaS 為基礎操作的軟體

實踐 IaaS 的軟體

5-1 解說了當作雲端基礎的 IaaS，上一節也闡述了雲端業者的 IT 資源管理。

企業採用何種機制投入雲端事業、自行架設 IaaS 環境，絕對是門學問。不過，市面上已有當作實作基礎的軟體。

其中，最具代表性的是 OpenStack。OpenStack 是開源的 **IaaS 基礎軟體**，由非營利組織 Open Infrastructure Foundation 社群輔助開發，大型通訊業者、IT 供應商、網路企業等參與策劃，以不偏袒特定供應商的業界標準為發展目標。另外，RedHat 等其他公司也有提供付費的商用版本（圖 5-9）。

由 OpenStack 的架構來看雲端服務

OpenStack 主要是由下列組件所構成。各組件的名稱皆宛若人名，著實有趣（圖 5-10）：

- **Horizon**　　　：監控工具（GUI）
- **Nova**　　　　：控制虛擬伺服器
- **Neutron**　　　：控制虛擬網路
- **Cinder、Swift**：虛擬儲存的功能
- **Keystone**　　：管理 ID

當然，OpenStack 也可連動外部服務、軟體，它主要是**由雲端內部的基礎服務和外部服務兩部分所構成**。

圖 5-9

Open Infrastructure Foundation 的概念

- Open Infrastructure Foundation 是創立於 2012 年的非營利團體
- 是繼 Linux 之後，世界第二大的開源軟體團體
- 逾 600 家知名企業參與策劃
- 白金會員有 AT&T、ERICSSON、HUAWEI、intel、RedHat、SUSE 等；黃金會員中的 IT 大廠有 CISCO、DELLEMC、NEC等；企業贊助商有 FUJITSU、HITACHI、IBM、NTT Communications、SAP 等
- 主要的發行版本有 RedHat OpenStack Platform、Ubuntu OpenStack、SUSE OpenStack、HPE Helion OpenStack 等

小知識
- OpenStack 不斷開發改進，每半年就需要更新，若一整年皆未更新，就沒辦法繼續使用（End of Life，產品的生命週期結束）
- 發行版本提供 3～5 年的長期支援，理論上可配合企業系統的生命週期

圖 5-10　　OpenStack 的組件概要

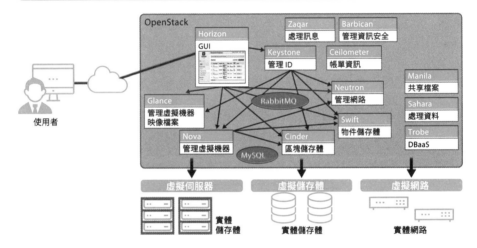

組件	功能
Horizon	服務門戶（使用者適用的 GUI）
Nova	管理運算資源
Neutron	虛擬網路功能
Cinder	虛擬儲存功能（區塊裝置儲存體）
Swift	虛擬儲存功能（物件儲存體）
Keystone	整合驗證功能

組件	功能
Glance	管理虛擬機器映像檔
Ceilometer	計量資源利用狀況（收費）
Sahara	資料處理／解析功能
Ironic	裸機服務開通（指派實體機器）
Zaqar	訊息處理功能
Barbican	安全管理功能
Manila	檔案共享系統

Point

📝 OpenStack 是協助 IaaS 實作基礎操作的軟體

📝 OpenStack 由雲端內部基礎服務與外部服務所構成

第 5 章

以 — I a a S 為基礎操作的軟體

» 以 PaaS 為基礎操作的軟體

實現 PaaS 的軟體

以 IaaS 為基礎操作的 OpenStack 逐漸成為業界標準，而 **PaaS 亦有開源的基礎軟體。**

5-1 解說了 PaaS 和 IaaS 在有無開發環境上的差別，但如今有可使用 Python、Ruby 等開發語言、開發框架、資料庫的軟體。

具代表性的是 Cloud Foundry。起初由以虛擬化軟體聞名的 VMWare 公司開發，現則由眾多 IT 大廠參與的 Cloud Foundry Foundation 負責，並對外公開運用 Cloud Foundry 提供 PaaS 的業者名單（圖 5-11）。

Cloud Foundry 的便利性

Cloud Foundry 可**提高開發效率。**

利用資料庫軟體開發應用程式時，伺服器需安裝資料庫軟體、開發語言、相關的程式框架等，整頓成能夠呼叫這些資源的環境。

例如，在 Cloud Foundry 上開發應用程式，由開發環境呼叫資料庫的時候，僅需輸入指派的用戶專用存取 ID，就能夠連線到資料庫。另外，應用程式發布後的更新、備份等，也能夠相對簡單地完成（圖 5-12）。

RedHat 公司提供的 OpenStack 等，又可稱為 PaaS 的基礎軟體，在近年蔚為話題的容器環境下，應用程式的開發定位可能因其特色而異。

圖 5-11 **Cloud Foundry 的概要**

2011 年 VMWare 公司發布以 PaaS 為基礎操作的軟體

2014 年 Cloud Foundry Foundation 設立，參與的知名企業包括 EMC、HP、IBM、SAP、VMWare，日本國內則有日立、富士通、NTT 集團、東芝等

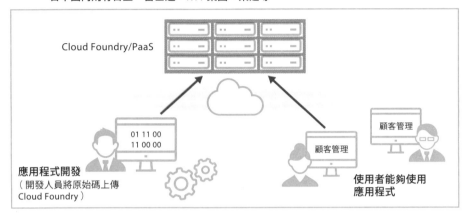

圖 5-12 **Cloud Foundry 的基本服務**

提供應用程式的執行環境	Python、Ruby、ava 等，提供各種語言的應用程式執行環境
服務連動	啟動虛擬伺服器，再由各應用程式呼叫服務
彈性調整與負載分散	根據虛擬伺服器的增減、應用程式的處理，分配至各個虛擬伺服器
監視／修復	應用程式的狀態監視、故障時的自動修復等

● 基本服務等有提供開發人員專用的 GUI
● 也可新增資料庫、日誌蒐集等服務
● 指令種類充實，適合開發人員利用

Point

⟋ PaaS 跟 IaaS 一樣有基礎軟體

⟋ Cloud Foundry 可提升開發效率

≫ 伺服器虛擬化技術的動向

伺服器虛擬化技術的主流

本節將會討論虛擬伺服器的技術動向。最近數年，虛擬化技術的趨勢逐漸發生變化。

過往虛擬化機器的領導產品有 VMWare vSphere Hypervisor、Hyper-V、Xen、Linux 功能之一的 KVM 等，它們又稱為 **Hypervisor** 型態。

Hypervisor 型態是**當前虛擬化軟體的主流**，但實體伺服器的虛擬化軟體，運行上尚需搭載 Linux、Windows 等的客機作業系統（Guest OS）。由客機作業系統與應用程式組成的虛擬伺服器，執行上不受主機作業系統（Host OS）限制，故可有效率地執行多個虛擬伺服器。在 Hypervisor 型態成為主流之前，亦有 **Host OS** 型態的伺服器，但因容易發生處理效率低落等問題，如今僅用於部分的緊急系統（圖 5-13）。

今後可能成為主流的容器型態

在虛擬化技術中，容器型態將會是**今後的主流**，可藉由 **Docker** 軟體製作容器。

在容器型態的架構中，藉由共用主機作業系統的核心功能，達到客機作業系統的**輕量化**。容器內部的客機作業系統僅含有最低限度的函式庫，能夠實踐減輕 CPU、記憶體負擔的高速處理。應用程式能夠流暢地啟動，也可改善資源的使用效率。除此之外，縮小減輕虛擬伺服器的封包也是其重點。若各個伺服器已有整頓環境，**也可以容器單位遷移至不同的伺服器**（圖 5-14）。

圖 5-13

Hypervisor 型態與 Host OS 型態

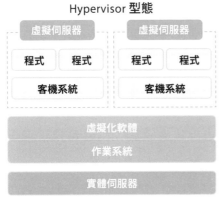

Hypervisor 型態

- 作業系統幾乎就是虛擬化軟體,故可提供完整的虛擬環境
- 發生故障的時候,難以釐清是虛擬化軟體還是作業系統出問題
- 大多用於較新的系統

Host OS 型態

- 由虛擬伺服器存取實體伺服器時,需要經由主機作業系統,容易發生處理效率低落等缺點
- 故障發生的時候,比 Hypervisor 型態容易釐清問題

圖 5-14

容器型態與以容器單位遷移

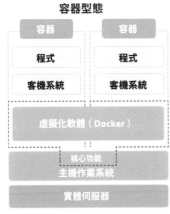
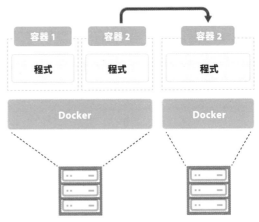

容器型態

- 虛擬化軟體(Docker)將一個作業系統分割成名為容器的使用者專用空間
- 每個空間能夠自使用實體伺服器的資源
- 容器的客機作業系統可共用主機作業系統的核心功能

- Docker 環境可相對流暢地遷移
- 可以應用程式單位來遷移,方便管理
- 熟練後可以1應用程式對應1容器來架設系統,但實際上往往是1應用程式對應多個容器

Point

- 在伺服器的虛擬化技術,Hypervisor 型態占據大多數
- 今後的主流將是容器型態,除了減輕虛擬化伺服器外,也可以容器單位來遷移

第 **5** 章

伺服器虛擬化技術的動向

≫ 管理容器

在網路系統操作容器

利用前面解說的容器機制，**按服務、功能建立容器，再各自架設虛擬伺服器。**

以網路系統為例，按驗證、資料庫、資料分析、資料顯示等服務建立容器。各項服務、應用程式使用的開源軟體，需要頻繁地更新版本、強化升級等；但若事先作成不同的虛擬伺服器，更新時便不會對其他伺服器造成影響。

管理一連串的容器

若有 Docker 和網路環境的話，各項服務的容器未必得裝載於同一實體伺服器，但要調度管理（orchestration）伺服器間的容器，決定相關服務的執行順序（圖 5-15）。

Kubernetes（k8s）是最具代表性的調度管理開源軟體。Kubernetes 軟體可不必顧慮容器的存放位置，區分成善於大量資料分析的高性能伺服器、專門用於驗證的普及版伺服器等，可橫跨多個雲端業者使用（圖 5-16）。

AWS 支援 Docker 的容器技術，並有提供代替 Kubernetes 的服務，例如：Amazon Elastic Container Service（ECS）、Amazon Elastic Kubernetes Service（EKS）。

圖 5-15 容器的實作例子

以實際的應用程式為例,即便程式存於不同的伺服器,也可依序執行驗證→資料庫→分析→顯示

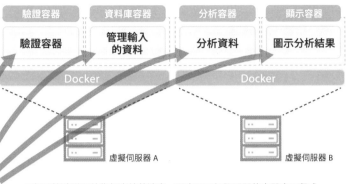

| 驗證容器 | 資料庫容器 | 分析容器 | 顯示容器 |

驗證容器 → 管理輸入的資料 → 分析資料 → 圖示分析結果

Docker / Docker

虛擬伺服器 A / 虛擬伺服器 B

- 如同管弦樂團的指揮家統整演奏,調度不同伺服器間的容器應用程式,管理啟動順序、運行的關聯性
- 此工作原理稱為調度管理

圖 5-16 **Kubernetes** 的功能概要

- Kubernetes 控制各個容器的關聯性、運行
- 實體伺服器的規格固定,但可遷移虛擬伺服器與容器,尋求更好的執行環境

不論容器存於何處,都是按 1 → 2 → 3 → 4 → 5 → 6 的順序執行

Kubernetes

根據伺服器的性能、負載、使用者的利用狀況,可靈活變更虛擬伺服器中的容器配置

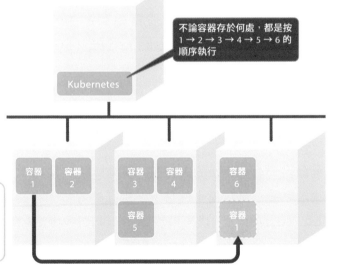

容器 1 / 容器 2 / 容器 3 / 容器 4 / 容器 6 / 容器 5 / 容器 1

小知識
- Kubernetes 通常簡寫為「k8s」
- 「k」+ 8 個文字 (ubernete) +語尾的 "s"

Point

✎ 按服務、功能建立容器,存放於不同的實體伺服器

✎ Docker 和 Kubernetes 是容器技術的必備軟體

》 雲端儲存

伺服器中的磁碟

在雲端業者的資料中心，主要採用裝載專用機架的機架式伺服器。其他的伺服器型態，還有辦公室常見的塔式、追求聚集效率的高密度式。

塔式伺服器真的就是將 CPU、記憶體、磁碟組裝進塔狀的機箱（機櫃）。機架式伺服器相當於橫向發展的塔狀機架，但內部配置相同。

而高密度伺服器由單一機箱設置多個小型伺服器節點。磁碟置於伺服器節點的外部，伺服器節點主要是由 CPU 和記憶體所構成（圖 5-17）。

若再進一步說明的話，伺服器磁碟的架構多是由 RAID（Redundant Array of Independent Disks）、SAS（Serial Attached SCSI）、iSCSI 組成。

主要用來儲存的架構

與伺服器一對一連接的儲存體，稱為 **DAS**（Direct Attached Storage），可用於系統、資料量少的情況。過往的資料中心通常採用 **SAN**（Storage Area Network），後來換成 **NAS**（Network Attached Storage）。就 EC2 而言，**3-7** 的 Amazon EBS 相當於 DAS；其他儲存服務的 Amazon Elastic File System（EFS）是 NAS。近年，隨著大容量、備份的需求提升，Amazon S3 等**物件儲存體**（參見下節）**逐漸增加**（圖 5-18）。

圖 5-17 ‧‧‧‧‧‧‧‧‧‧‧‧ 塔式、機架式與高密度架構的差異

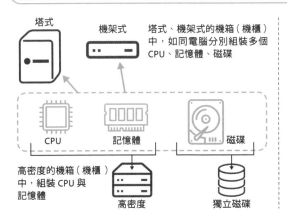

塔式

機架式

塔式、機架式的機箱（機櫃）中，如同電腦分別組裝多個 CPU、記憶體、磁碟

CPU　記憶體　磁碟

高密度的機箱（機櫃）中，組裝 CPU 與記憶體

高密度　獨立磁碟

參考：伺服器的磁碟

SAS：
具有兩個通訊埠。與 CPU 的兩個通道提高性能、可靠性。順便一提，SATA 僅有 1 個通訊埠

RAID：
將多個堆疊的實體磁碟虛擬組成 1 個磁碟，在適當的位置寫進資料

圖 5-18 ‧‧‧‧‧‧‧‧‧‧‧‧ DAS、SAN、NAS、物件儲存體的差異

DAS 的架構示意圖

在各伺服器中組裝進磁碟

優點
架構單純、可靈活運用

缺點
● 難以有效率地擴張整體容量
● 伺服器與磁碟的關係缺乏彈性

SAN 的架構示意圖

FC 交換器

SAN

組裝適用所有伺服器的磁碟

優點
● 可有效率地利用磁碟
● 容易擴增磁碟

缺點
FC 等成本費用偏高

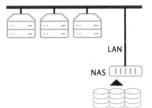

NAS 的架構示意圖

LAN

NAS

組裝適用所有伺服器的磁碟

優點
● 可有效率地利用磁碟
● 容易擴增磁碟

缺點
磁碟的存取速度較慢

物件儲存體的架構示意圖
若將 DAS、SAN、NAS 視為過往儲存系統的常識（可某種程度預估伺服器的磁碟容量），則物件儲存體是顛覆過往常識的新型態儲存體（影片檔案等不斷增加，伺服器的磁碟容量大到無法預估）

HTTP 等

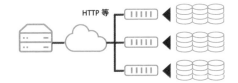

Point

✎ 資料中心主要採用裝載專用機架的機架式伺服器

✎ 過往的資料中心以 SAN、NAS 為主流，但近年物件儲存體逐漸增加

第 5 章

雲端儲存

≫ 儲存技術的概念

雲端的儲存

如前所述，儲存體的實體架構分為 DAS、SAN、NAS、物件儲存體，雲端服務逐漸從過往的 SAN 和 NAS，轉為以物件儲存體為主。

這節將會整理儲存體的資料存放與存取方式，讓讀者更明白物件儲存體。

物件儲存體的特色

圖 5-19 說明各種儲存體的特色。

檔案伺服器是以目錄階級架構管理資料，利用 NAS 等將資料分成不同檔案進行管理。

區塊儲存體主要用於 SAN，將資料切割成固定大小（區塊）來管理，故可進行高速通訊。

如圖 5-20 所示，物件儲存體不以檔案或者區塊單位，而是**以物件為單位處理**資料。在名為儲存池（storage pool）的容器裡建立物件，藉由特定 ID 與詮釋資料（metadata）進行管理。

相較於檔案儲存體，物件儲存體的優勢在於，第一，它容易變更存放位置、**利於水平擴展**；第二，物件儲存體採取 HTTP 通訊協定，**即便橫跨不同資料中心也可順利處理**。由這些特色可知，物件儲存體更適合廣泛應用於雲端時代。

圖 5-19　　　　物件、檔案、區塊儲存體的概念

	物件儲存體	檔案儲存體	區塊儲存體
單位	物件	檔案	區塊
通訊協定	HTTP/REST	CIFS、NFS	FC、SCSI
實體介面	乙太網路	乙太網路	光纖通道、乙太網路
適用	大容量資料、更新頻率低的資料	共享檔案	異動資料
特色	擴展性、跨資料中心也可順利處理	容易管理	高性能與可靠性

- REST：Representational State Transfer
  物件儲存體採取 HTTP 通訊協定來操作儲存體
- CIFS：Common Internet File System、NFS：Network File System
  檔案共享服務的通訊協定

圖 5-20　　　　物件儲存體的特色

物件儲存體

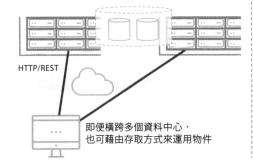

- 不受限於存放位置
- 物件管理得較為寬鬆
- 以詮釋資料區別，故可簡單遷移
- 容易轉至其他儲存體

HTTP/REST

即便橫跨多個資料中心，
也可藉由存取方式來運用物件

檔案儲存體

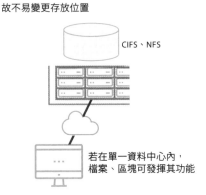

雖然具有整齊的階級架構，
但檔案缺少屬性資訊（詮釋資料），
故不易變更存放位置

CIFS、NFS

若在單一資料中心內，
檔案、區塊可發揮其功能

Point

✐ 物件儲存體是以物件為單位處理資料

✐ 物件儲存體允許水平擴展、橫跨不同資料中心，適合應用於雲端服務

第 5 章　儲存技術的概念

網路的虛擬化 ①
～將熟悉的 LAN 虛擬化～

虛擬化 LAN

前面解說了有關雲端服務的伺服器、儲存技術，**可高效連結大量 IT 設備的網路虛擬化技術，也有助於實踐雲端服務。**

VLAN（Virtual LAN：虛擬區域網路）是基礎技術之一。

VLAN 可將單一實體 LAN 劃分成多個虛擬 LAN。

其原理跟虛擬伺服器的概念相似，在 1 台實體伺服器中架設多個虛擬伺服器。

舉個常見的例子來討論，某企業的人事總務部採取一個組織架設一個 LAN。當組織轉型分設人事部與總務部時，以往得新增網路設備、設置成兩個 LAN，但若藉由 VLAN 的設定，則不必增設實體設備，可直接虛擬建立兩個 LAN（圖 5-21）。

實際架設時是以具 VLAN 功能的交換器來操作，**在不變動網路設備實體架構下，可達到立即效果。**

藉由軟體來操作

VLAN 是實用且便利的技術，但規格僅可擴增到 4,096 個。

隨著資料中心內的 IT 設備增加，會遇到 VLAN 的擴張極限。此外，為了因應與日俱增或激增的需求，資料中心本身也必須擴增。資料中心間的分散部署、相應的高階網路功能、細微的功能強化等，隨著雲端的資料中心擴增，都需要更進一步的新技術（圖 5-22）。

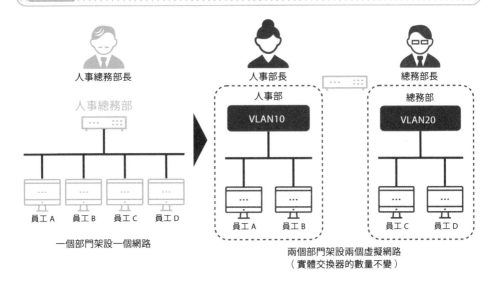

圖 5-21　　**VLAN 的虛擬網路劃分**

人事總務部長

人事部長

總務部長

人事總務部

人事部
VLAN10

總務部
VLAN20

員工 A　員工 B　員工 C　員工 D

員工 A　員工 B

員工 C　員工 D

一個部門架設一個網路

兩個部門架設兩個虛擬網路
（實體交換器的數量不變）

圖 5-22　　**VLAN 的課題與雲端商務的課題**

課題		解決方案

VLAN 的
技術性課題

VLAN 的技術性課題
VLAN 僅可擴展到 4,096 個

雲端商務的
課題

隨著資料中心逐漸擴增，
需要資料中心間的分散部署、
相應的高階網路功能

結合 VLAN
＋
SDN（下一節解說）等
更進一步的新技術

在防火牆方面，
需要功能更強大的安全設定

Point

✎ VLAN 是網路虛擬化的代表範例

✎ 在不變動實體架構下，VLAN 的網路劃分是可行的技術

》 網路的虛擬化 ②
～以軟體達到虛擬化～

以軟體達到網路的虛擬化

上一節的 VLAN 是以網路設備為中心的技術，但除此之外，還有**以軟體達到網路虛擬化的技術**。這類技術統稱為 **SDN**（Software-Defined Networking），藉由伺服器上的 SDN 軟體操作網路功能。

Open Network Foundation 標準化的 OpenFlow、NFV（Network Functions Virtualization）等皆是虛擬化的例子，除了當作網路功能的虛擬化基礎外，亦可虛擬結合網路與伺服器。

如圖 5-23 所示，SDN 將網路分成應用程式層、控制層、基礎設施層等三個階層，藉由控制層整理應用程式層發出的指示，來控制整個網路。

SDN 的特色與優點

SDN 有下列兩個特色：

● **可劃分控制設備與路徑的功能、傳輸資料的功能**

● **藉由軟體統一管理上述的控制功能**

控制器統整設備與路徑；網路設備執行資料傳輸，SDN 可集中管理兩種功能（圖 5-24 左）。SDN 管理時會將網路設備整合成一個單元，再配合各種運用。例如，將資料中心內部的網路與資料中心間的網路，**劃分成不同的 SDN 有效率地管理**（圖 5-24 右）。

圖 5-23 ··············· SDN 的概要 ···············

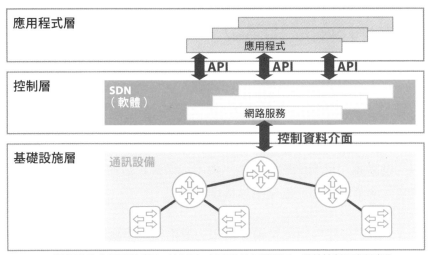

應用程式

API API API

控制層

SDN（軟體）

網路服務

控制資料介面

基礎設施層

通訊設備

SDN 將網路分成應用程式層、控制層、基礎設施層等階層，並於控制層進行實作

圖 5-24 ··············· SDN 的功能與用途 ···············

SDN 的機能

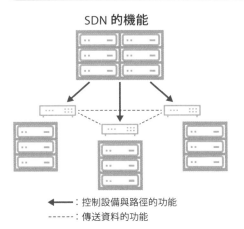

SDN 的功能

雲端管理軟體

SDN1（資料中心內部） SDN2（與其他中心的連線）

◄── ：控制設備與路徑的功能

------ ：傳送資料的功能

控制器統整設備與路徑；網路設備執行資料傳輸

連線資料中心內部與外部中心，建立多個 SDN 來最佳化

第 5 章

網路的虛擬化 ② ～以軟體達到虛擬化～

Point

✎ SDN 是以軟體達到網路虛擬化的技術

✎ SDN 可於資料中心有效率地管理網路

網路的虛擬化 ③
～適用資料中心的虛擬化～

適用資料中心的網路虛擬化技術

VLAN 可有效運用既有的網路資產，但未必適合內部虛擬伺服器隨實體伺服器大量增加的資料中心、雲端服務環境。

如圖 5-25 所示，若伺服器反覆虛擬化、聚集化，不斷將多個功能器塞進單一伺服器裡頭，且通訊環境沒有明顯的進步，遠多於以往的資料通訊量將會降低伺服器性能。

雖然 SDN 也能有效改善，但就簡單實踐具有彈性的網路環境而言，**Fabric Network**（Ethernet Fabric：乙太網路結構）是更好的選擇。

Fabric Network 的特色

藉由專用的交換器，Fabric Network **可將多個交換器整合成一個大型交換器。**

多個網路設備整合為單一設備後，路由配對會由過往的一對一變成多重對應。

各台實體伺服器運行多個虛擬伺服器，除了縱向的網路通訊外，也增加了橫向的通訊，對雲端資料中心的網路來說，可流暢應對的 Fabric Network 因此相當重要（圖 5-26）。

單一分割成多個 VLAN、以軟體控制的 SDN、多個整合為單一的 Fabric Network，這些思維也可應用於各種系統、工作場景。

圖 5-25 **伺服器的聚集會增加網路的負擔**

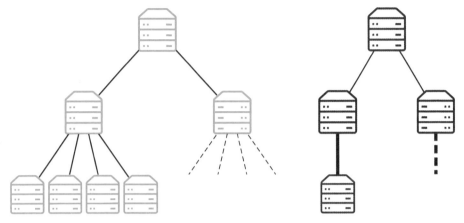

隨著伺服器不斷聚集，會逐漸增加網路負擔

※ 為了方便理解，圖中的 LAN 線路以粗線表示，但實際上是相同的粗細

圖 5-26 **Fabric Network 的概念**

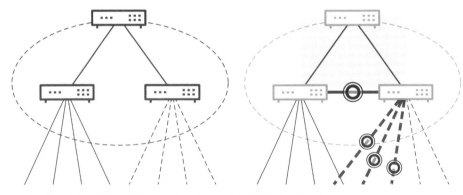

● 為了將 3 台網路設備虛擬整合成 1 台，尋找包含多個設備的最佳路由

● ◎ 符號是新產生的路由。當然，也得做好可實體連線的準備

Point

🖊Fabric Network 是適用資料中心的網路虛擬化技術

🖊Fabric Network 可將多個交換器當作一個大型交換器

第 **5** 章

網路的虛擬化 ③ ～ 適用資料中心的虛擬化 ～

157

關於系統的設置場所

由前面的內容,各位應該了解地理區域、可用區域等,系統設置場所、部署方式的重要性。

再進一步討論系統的設置場所,將腦中浮現的系統、服務,寫至下面的系統名稱、設置場所。討論時,不妨同時使用世界地圖和日本地圖。

檢討系統的設置場所

地端系統要檢討自家的資料中心、電算中心、辦公樓層等設備,而雲端部署存在其他多種選擇。

雲端環境可靈活地部署

地理區域通常設置於母國,但考慮到抑制 AWS 的成本,也可利用便宜的美國 EC2,先於國外分析大數據再將結果傳回本國。

當然,這也跟資料類型、處理方式有關,但可靈活地部署是 AWS 饒有趣味之處。

建立 Amazon VPC

～簡單建立的虛擬網路～

» AWS 上的網路環境

AWS 上的 VPC

如 **5-3** 所述，雲端服務 VPC 是 Virtual Private Cloud 的簡稱，在公共雲上實踐私有雲。這樣的操作可帶來許多好處。

Amazon VPC（Amazon Virtual Private Cloud）是於 AWS 上操作私有雲的**基礎服務**，VPC 在 AWS 定位為與多樣 IT 資源串接的虛擬網路。

基本上要先有 Amazon VPC，才能夠部署各種 IT 資源，故定位為 AWS 利用 IaaS 時的必備服務（圖 6-1）。

地端系統是網路的基礎設施，運行著伺服器、儲存體等 IT 資源。若將 EC2、EBS 視為伺服器和儲存體，則 Amazon VPC 是部署這些資源的基礎網路，但 VPC 無法配置所有 AWS 服務，故此定義略顯局限。

可建立多個 VPC

地理區域內**可建立多個 Amazon VPC**。例如，1 個 VPC 即可完成 1 個具網路伺服器功能的 EC2 執行個體。第 3 章已講解了 EC2 執行個體的建立，但其實使用者未建立 VPC，各地理區域已有預設 EC2 的單一 VPC（細節可見 **6-6**）。

運用方式分為不刻意建立直接使用 VPC、先建立 VPC 再裝載 IT 資源、利用多個 VPC 等（圖 6-2）。

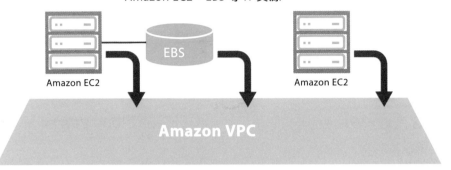

圖 6-1　Amazon VPC 是 AWS 的基礎服務

Amazon EC2、EBS 等 IT 資源

Amazon EC2　　EBS　　Amazon EC2

Amazon VPC

- 在虛擬網路上裝載 IT 資源來建立 Amazon VPC
- 雖然 Amazon VPC 被定位為虛擬網路，但亦是 Virtual Private Cloud 的基礎設施

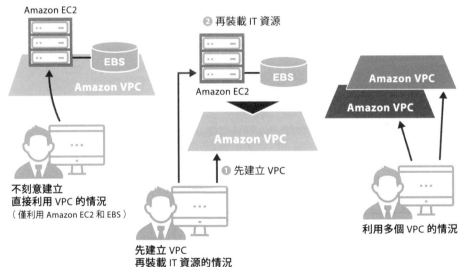

圖 6-2　VPC 的運用示意圖

Amazon EC2

EBS

Amazon VPC

❷ 再裝載 IT 資源

Amazon EC2

EBS

Amazon VPC

Amazon VPC

Amazon VPC

❶ 先建立 VPC

**不刻意建立
直接利用 VPC 的情況**
（僅利用 Amazon EC2 和 EBS）

**先建立 VPC
再裝載 IT 資源的情況**

利用多個 VPC 的情況

Point

✎ 以 Amazon VPC 為基礎設施，在 AWS 上利用各種 IT 資源

✎ 使用者也可利用多個 Amazon VPC

正式導入 AWS 時先建立 VPC

小規模有限導入與正式導入的差異

VPC 是利用 AWS 時的基礎網路服務，或可比喻為某種特定的空間。

若是個人、小型企業組織，如第 3 章、第 4 章僅有限地利用 EC2 或者 S3，則 VPC 的存在影響不大。

然而，**想要正式導入 AWS 或準備逐步使用雲端系統的企業，得根據設計內容，當作企業內部網路的一部分來建立 VPC**。然後，再於完成的 VPC 上裝載 EC2 等 IT 資源、AWS 服務（圖 6-3）。由此可知，第 3 章、第 4 章的解說內容屬於前者的有限利用。

即便一開始直接建立 EC2，AWS 也會直接準備 1 個 VPC（稱為預設 VPC）。其實，使用者已在不知不覺中使用了 VPC。

以草圖、圖形來討論

現在來進一步解說 VPC。對從未接觸過雲端的人來說，**將雲端描述成實體設備可能比較容易想像**。因此，在建立 VPC，裝載 IT 資源、服務之前，筆者建議可先藉由「平面圖」或者「3D 圖形」等草圖、圖形來規劃討論；因為，以立體圖形來表達，更能說明各種實體設備的對應關係。

如圖 6-4 所示，平面圖是將 VPC 畫成大的四方形，各項服務畫成較小的四方形，再以直線串接連貫；3D 圖形是如地端部署般實體討論服務的關聯性。

圖 6-3　　　　　　　　　　正式導入時先建立 VPC

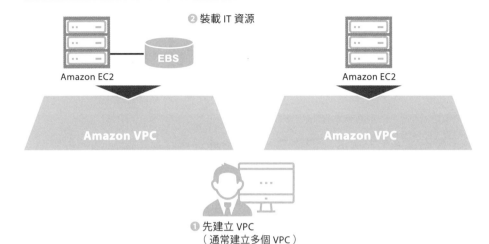

❷ 裝載 IT 資源

Amazon EC2

EBS

Amazon EC2

Amazon VPC

Amazon VPC

❶ 先建立 VPC
（通常建立多個 VPC）

想要正式導入 AWS 的企業，或正逐步將地端系統上傳雲端的企業，必須先建立 VPC，
再裝載 IT 資源

圖 6-4　　　　　　　　　　平面圖與 3D 圖形

平面圖

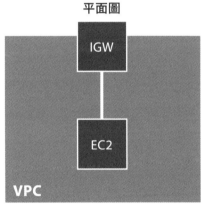

IGW

EC2

VPC

3D 圖形

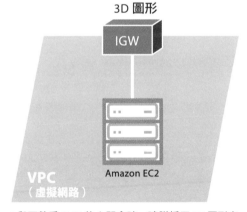

IGW

Amazon EC2

VPC
（虛擬網路）

- 以四方形表達 IT 資源（服務），再以直線
串接連貫
- AWS 的架構圖就是這種圖形

- 與不熟悉 AWS 的人開會時，建議採用 3D 圖形來
討論
- 雖然製作起來麻煩，但容易與相關人員達成共識

Point

✐ 欲正式導入的 AWS 時，需事前設計並建立 VPC

✐ 平面圖、3D 圖形可幫助理解 VPC 和 AWS

》 單一網路還是多個網路？

建立多個 VPC 的典型例子

將 VPC 視為 AWS 的基礎網路時，經常會檢討建立單一還是多個 VPC。

例如，多個環境的典型例子有，中型以上的系統依正式系統和開發系統建立 VPC。

部分系統發布後仍得新增、修正功能，需要持續開發一段時間。此時，通常會分成系統終端使用者連線的正式系統，與開發工程人員連線的開發系統，**網路、IT 資源等也分成兩套環境**（圖 6-5）。

其他例子還有，**多個業務系統的性質截然不同，需要分成不同的 VPC 來使用**。換言之，根據系統的種類、環境，可視需要建立多個 VPC（圖 6-6）。

VPC 的建立與使用不需要收費，使用者可自由地檢討 VPC 的架構。除了 VPC 之外，部分企業組織甚至還會按系統、主管部門，來建立不同帳戶嚴格管理帳單、權限。

通常會建立多個 VPC

一般來說，按系統增加 VPC 的數量，**有助於提高各系統的管理效率、減輕安全風險**。雖然需要管理增加的 VPC，但**通常仍會選擇建立多個 VPC**。

下一節將會介紹在單一 VPC 區分用途的思維。

圖 6-5 依正式系統和開發系統建立 VPC

地理區域

正式系統（環境）的 VPC　　EC2

開發系統（環境）的 VPC　　EC2

- 中型以上的系統通常會依正式系統和開發系統建立 VPC
- 每個地理區域預設可建立 5 個 VPC，申請後可增加建立到 100 個
- 順便一提，每個地理區域可建立 20 個 EC2，申請後也可增加數量

圖 6-6 依系統區分 VPC

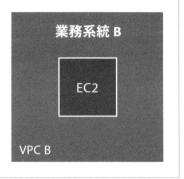

地理區域

業務系統 A　　EC2　　EC2　　VPC A

業務系統 B　　EC2　　VPC B

- 不同的系統需要區分 VPC
- 例如，職員使用及集團企業關係人員使用的系統等，通常會建立不同的網路，直接上雲後部署至不同的 VPC

Point

✍ 通常會依正式系統和開發系統、性質迥異的業務系統，建立多個 VPC

✍ 根據各系統的管理細節、資訊安全等要求，通常會選擇建立多個 VPC

≫ VPC 的架構

區分私有子網路和公有子網路

本節將會討論細分單一 VPC 的思維。

區分企業內部的私有網路,與以網際網路連接、允許外部存取的公有網路,是常見的網路架構。在 AWS 的架構圖,分別稱為私有子網路和公有子網路(圖 6-7)。

子網路是指一般的網路系統。在 Amazon VPC 中,子網路意謂進一步細分的網路。

需要留意 VPC 的數量

需要留意是如前節存在的多個 VPC,還是經過劃分的單一 VPC。

即便是相同的 VPC 架構,也分成左右形式與上下形式。兩種情況皆實際存在,圖 6-7 其實是相同的架構。

就本質而言,得事先整理並掌握 VPC 的連線方式與連線對象。

熟悉操作後,就可根據需求判斷要建立多個 VPC 還是劃分單一 VPC。若一開始難以想像,不妨返回地端部署來思考,先規劃地端的網路架構,再於 AWS 上直接替換。如此一來,便可輕鬆完成 VPC 的架構(圖 6-8)。

此處與地端部署的差異在於,VPC 沒有 **5-12** 路由器等網路設備,而是以軟體來運行。

圖 6-7 公有子網路與私有子網路的概念

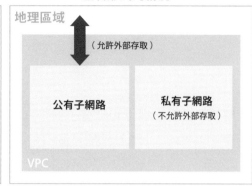

上下形式的情況　　　　　　　　左右形式的情況

- 在 AWS 的架構圖中，經常出現允許外部存取的公有子網路，與對外封閉的私有子網路等用語
- 子網路意謂進一步細分的網路
- 如圖所示，架構有上下形式也有左右形式

圖 6-8 由地端網路架構來討論

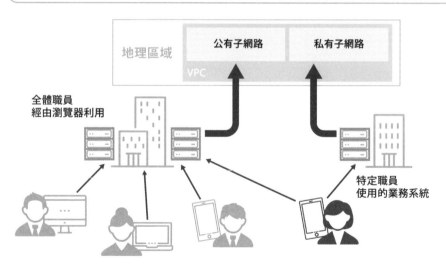

全體職員
經由瀏覽器利用

特定職員
使用的業務系統

Point

✐ VPC 經常區分為公有子網路和私有子網路

✐ 要確實掌握 VPC 的連線方式與允許連線的對象

劃分子網路的機制

表示子網路的數值

前面解說了公有子網路和私有子網路。**子網路可再細分 VPC**，AWS 的子網路管理是以 CIDR（無類別網域間路由選擇）標記法表示數值。

CIDR 的最尾端會加上「/」（正斜線），再於後頭描述有幾個 IP 地址，如 /24=256 個、/16=65,536 個、/28=16 個等（圖 6-9）。

在 VPC 的建立頁面等，得於 CIDR 輸入具體數值表示 IP 地址的範圍。

例如，VPC 要建立 2 個子網路的話，將 VPC 設定為 192.168.0.0/16，則第 1 個子網路可為 192.168.1.0/24；第 2 個子網路可為 192.168.2.0/24。

DHCP 指派 IP 地址

IP 地址的範圍可由使用者指定，各 IT 資源的 IP 地址則是由 DHCP（Dynamic Host Confi guration Protocol）自動指派。

DHCP 與企業等伺服器賦予用戶指定範圍的 IP 地址，兩者的工作原理相同。藉由存取伺服器作業系統中的 DHCP 服務，連線企業網路的用戶可取得自身的 IP 地址等（圖 6-10）。

在網際網路另一端的 AWS，也可藉指派企業內部網路、IT 資源的 IP 地址，安心地使用同樣的運作機制。

圖 6-9 CIDR 的概要

CIDR（無類別網域間路由選擇）表示 IP 地址的數量

/24 表示 2^8（2 的 8 次方），總計 256 個
※32 - 24 ＝ 8，故為 2 的 8 次方

/16 表示 2^{16}（2 的 16 次方），總計 65,536 個
※32 - 16 ＝ 16，故為 2 的 16 次方

※ 鮮少遇到，幾乎不太使用
/28 表示 2^4（2 的 4 次方），總計 16 個
※32 - 28 ＝ 4，故為 2 的 4 次方

- CIDR 是依網路規模指派IP地址的思維
- IP 地址以二進位表示時為 32 位數，/24 表示子網路範圍為 24 位數，主機部分（IT 資源的 IP 地址範圍）為 32 - 24 ＝ 8 位數

圖 6-10 DHCP 的概要

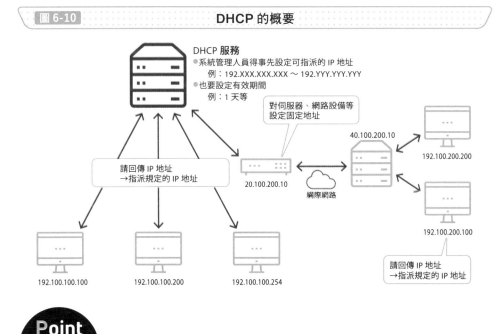

Point

✎ AWS 使用 CIDR 管理子網路

✎ 跟企業內部網路一樣，VPC 內部可以 DHCP 功能指派 IT 資源的 IP 地址

初期預設使用的 VPC

預設的 VPC

前面提到，可按要求在 AWS 內部網路建立多個 VPC，或者於 VPC 裡頭劃分子網路。

如 **6-1**、**6-2** 所述，EC2 建立完成後，每個地理區域皆有 1 個 VPC——預設 VPC。若沒有要特別設定的網路，可直接裝載後續建立的 IT 資源（圖 6-11）。

預設 VPC 已經完成 CIDR 等相關設定。換言之，AWS 本身就有標準定義、設定的 VPC。

預設 VPC 的規格

預設 VPC 的規格如下（圖 6-12）：

- 大小為 /16 的 IPv4 CIDR 區塊
  172.31.0.0/16 的 VPC 最多可提供 65,536 個私有 IPv4 地址。

- 為可用區域自動建立起大小 /20 的預設子網路
  每個子網路最多可指派 4,096 個地址，其中 5 個預留給 AWS 管理使用，故可提供 4,091 個地址。

- 事先建立預設 VPC 的網際網路閘道（參見 6-7）

即便不特地建立 VPC 也可使用各種 IT 資源，**熟悉後不妨嘗試變更預設 VPC，或者另外建立新的 VPC。**

圖 6-11　　　　　　　　　　　**在預設 VPC 裝載 IT 資源**

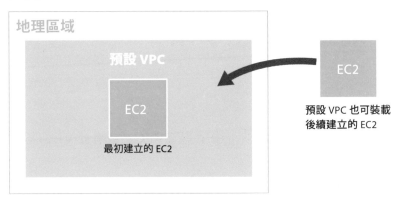

- 即便不特地建立，完成 EC2 後也會自動生成 VPC
- 每個地理區域都有 1 個 VPC
- 也可直接於預設 VPC 新增裝載 IT 資源

※ 圖 3-22 步驟 3 的「網路」項目會顯示預設 VPC，直接使用時不需要任何操作（「子網路」亦同）

圖 6-12　　　　　　　　　　　**預設 VPC 的規格**

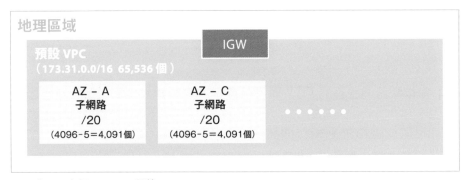

- /16（65,536）個 IPv4 CIDR 區塊
- 各可用區域自動建立大小為 /20 的子網路，
  4,096 個減去 AWS 預留利用的 5 個，共可提供 4,091 個地址
- 準備預設 VPC 專用的網際網路閘道（IGW）
- 還有其他細瑣的定義、設定

Point

🖉 AWS 一建立，就會提供預設 VPC

🖉 熟悉後不妨嘗試變更預設 VPC，或者另外建立新的 VPC

» 私有子網路的注意事項

由內網連線外網

在私有子網路建立 EC2 執行個體後,會按業務要求安裝所需軟體來使用。

目前的軟體都需經由網際網路更新。私有子網路的 EC2 執行個體沒有公有 IP 地址,會遇到無法存取外網的問題。

有鑑於此,AWS 準備了 **NAT**(Network Address Translation:網路地址轉譯)轉換網路地址的功能,建立 **NAT** 閘道後,**由私有子網路連線網際網路**。NAT 閘道可連線網際網路,並設定成無法由網際網路連線子網路(圖 6-13)。

由外網連線內網

3-11 當作網路伺服器的 EC2 執行個體,其實是建立於私有子網路裡頭。

那麼,為何能夠由外網進行閱覽呢? **IGW**(Internet Gateway:網際網路閘道)**可綁定、轉換公有 IP 地址和內網私有 IP 地址**,將私有子網路轉成公有子網路(圖 6-14)。

建議事先了解由私有子網路連線外網的 NAT,以及由外網連線內網的 IGW。

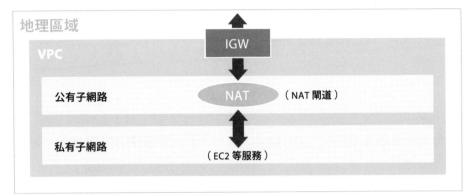

圖 6-13　NAT 閘道的功用

- 建立 NAT 閘道後，可由私有子網路連線網際網路
- 例如，企業內網的電腦連線網際網路時，NAT 會將私有 IP 地址轉譯成可利用外網的全域 IP 地址
- 藉由 NAT 閘道可連線網際網路，並設定成無法由網際網路連線私有子網路

圖 6-14　IGW 的功用

EC2 最初建立於私有子網路

- 與 IGW 綁定後連接公有子網路
- IGW 可轉換公有 IP 地址與內網的私有 IP 地址

Point

🖊 藉由 NAT 閘道，可由公有子網路連線網際網路

🖊 IGW 可將公有 IP 地址轉換成私有 IP 地址

» VPC 之間的連線

VPC 與 VPC 的連線

本節將會討論多個 VPC 之間的連線及 VPC 連線外網時所需的功能。

首先是 VPC 之間的連線,在預設狀態下無法通訊。若想要讓 VPC 之間連線通訊,則得啟動 VPC 對等互連的功能。

除了自己帳戶內的 VPC,對等互連也可連線其他帳戶的 VPC。同一企業即便持有多個帳戶也可連線,非常便利(圖 6-15)。

VPC 與外網的連線

關於 VPC 與外網的連線,可如下分成使用前面的網際網路連線,或者使用專用線路、VPN 連線,兩種方式皆是讓 VPC 附加閘道。

● 網際網路連線

附加 IGW

● 專用線路、VPN 連線

附加 VGW(Virtual Private Gateway:虛擬私有閘道)(實際多是連線地端網路)(圖 6-16)

如上所述,**IGW、VGW 皆是用來與外網連線**。其他方式還有 AWS Transit Gateway(TGW),如傳輸中樞連結多個 VPC 與地端網路。

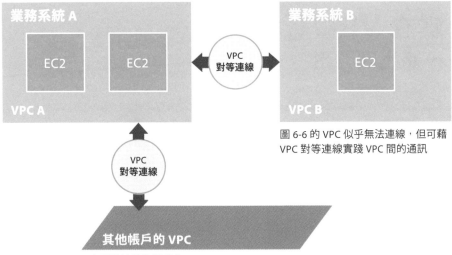

圖 6-15　VPC 對等連線的概要

圖 6-6 的 VPC 似乎無法連線，但可藉 VPC 對等連線實踐 VPC 間的通訊

- 也可連線其他帳戶的 VPC
- 同一企業持有多個帳戶時，對等連線非常便利

※ 另外，多個 VPC 對等連線之間無法通訊，在上述例子中，其他帳戶的 VPC 沒辦法連線業務系統 B

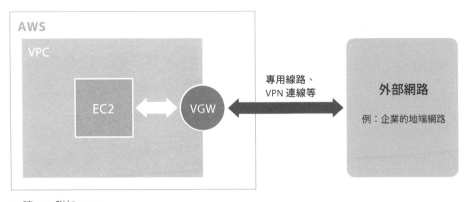

圖 6-16　VGW 的概念

- 讓 VPC 附加 VGW
- 可於封閉環境通訊，由 VGW 的前端連接專用線路、VPN 連線

Point

✓ VPC 間的通訊可利用 VPC 對等連線

✓ VPC 與外網連線時需要 IGW、VGW 等閘道

» 建立 VPC ①
～畫出四方形～

使用者自行建立 VPC 的步驟

根據前面的內容,來看使用者自行建立 VPC 的方法。

如 **6-4**、**6-7** 所述,VPC 的建立基本上遵循 **VPC → 子網路→ 連線服務
（子網路與外網的網際網路連線,例:IGW）的順序,由大項目到小項目詳
盡設定、新增所需的服務**（圖 6-17 上）。

VPC 跟 EC2、S3 一樣也有專用的儀表板,可由 AWS 管理主控台前往
VPC 儀表板,輸入詳細的設定內容來完成 VPC。

在該頁面,如同其他的 IT 資源有名稱標籤,以及 VPC 特有的 IPv4 CIDR
區塊等設定項目（圖 6-17 下）。

至於 CIDR 的安排,若僅為測試之用的話,直接使用預設的 10.0.0.0/16。
此時,如 **6-5** 所述,可提供 65,536 個 IP 地址（圖 6-17 下）。企業內部
使用的時候,需由網路管理人員使用受指定的地址範圍。

最後一步要設定連線

接著,在建立子網路的步驟,也有惱人的 IPv4 CIDR 區塊。例如,將 VPC
降低一個層級,設定成 10.0.0.0/20,可利用的 IP 地址變成 4,091 個（圖
6-17 下）。

完成子網路後,最後要設定與外網的連線方式。若採用網際網路連線的話,
得對目標子網路建立 IGW。VPC、子網路經由 IGW 連線外網（圖 6-18）。

圖 6-17 · · · · · · · · · · · · · · · · · · · **VPC 的建立流程** · · · · · · · · · · · · · · · · · · ·

建立 VPC ＞ 建立子網路 ＞ 建立連線服務

VPC 的建立頁面

建立 VPC 資訊
VPC 是由 AWS 物件 (例如 Amazon EC2 執行個體) 所填入的 AWS 管理隔離部分。

VPC 設定

要建立的資源 資訊
建立您 VPC 資源或 VPC 和其他連線資源。

◉ 僅限 VPC   ○ VPC 和更多

名稱標籤 - 選用
建立標籤，其中索引鍵為 'name' 和值為您指定的值。

awsnoshikumi

IPv4 CIDR 區塊 資訊
◉ IPv4 CIDR 手動輸入
○ IPAM 配置的 IPv4 CIDR 區塊

IPv4 CIDR

10.0.0.0/16

IPv6 CIDR 區塊 資訊
◉ 無 IPv6 CIDR 區塊
○ IPAM 配置的 IPv6 CIDR 區塊
○ 由 Amazon 提供的 IPv6 CIDR 區塊
○ 標稱有的 IPv6 CIDR

租用 資訊

預設   ▼

建立子網路 資訊

VPC

VPC ID
在此 VPC 中建立子網路。

vpc-0dd265c3185cc27d3 (awsnoshikumi)   ▼

關聯的 VPC CIDR
IPv4 CIDR
10.0.0.0/16

子網路設定
指定子網路的 CIDR 區塊和可用區域。

1 僧子網路 1

子網路名稱
建立標籤，其中金鑰為 'name' 和標示您定的值。

awsnoshikumi-subnet1

名稱的長度上限為 256 個字元。

可用區域 資訊
選擇子網路所在的區域，或讓 Amazon 為您選擇一個區域。

亞太地區 (東京) / ap-northeast-1a   ▼

IPv4 CIDR 區塊 資訊
🔍 10.0.0.0/20   ✕

▼ 標籤 - 選用

索引鍵   值 - 選用
🔍 Name   ✕   🔍 awsnoshikumi-subnet1   ✕   移除

- 未輸入 IPv4 CIDR 時，會跳出錯誤提示
- 例如，若 VPC 設定 /24、子網路設定 /28，則該子網路可利用的地址僅有 11 個
- 若 VPC 設定 /16、子網路設定 /20，則該子網路可利用的地址有 4,091 個

圖 6-18 · · · · · · · · · · · · · · · · **畫出四方形、由大到小依序設定** · · · · · · · · · · · · · · · ·

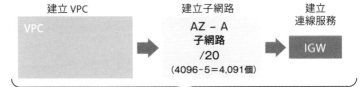

由使用者
建立 VPC 等

建立 VPC
VPC

建立子網路
AZ - A
子網路
/20
(4096-5=4,091個)

建立
連線服務
IGW

在 AWS 完成的
連線環境

地理區域
VPC
IGW
AZ - A
子網路
/20
(4096-5=4,091個)

Point

✏ 使用者自行建立 VPC 時，遵循 VPC →子網路→ IGW 等順序，依次完成設定

✏ VPC 跟 EC2、S3 一樣有專用的儀表板

》建立 VPC ②
〜畫出連線〜

連接四方形的線

若連線子網路和 IGW 時未特別指定的話，建立 VPC 時會依自動生成的路由表選擇通訊路徑。在路由表當中，可設定子網路與 IGW 的通訊路徑，使用者也可自行指定使用的規定路徑。路由表相當於連接四方形的連線（圖6-19），有助於增加 IT 資源、限定通訊路徑等。

通訊路徑可由自動生成的路由表，或者建立全新的路由表來指定。完成平面圖，最後來確認建立 VPC 的方式。

建立 VPC 的方式

利用第 3 章 EC2 執行個體的網路伺服器，在建立 EC2 執行個體、設定網路的途中，預設 VPC 便會完成子網路、IGW 與路由表。整理後，有下列建立 VPC、子網路的方式（圖 6-20）：

❶ 直接使用預設 VPC、後續自動新增的服務

❷ 對 ❶ 進行變更、新增內容

❸ 建立跟 ❶ 不一樣的 VPC

建立時請考量系統的數量與要求、各種服務與設定作業的效率、今後擴展與發生疏失的可能性（VPC 有許多細瑣設定，容易發生疏失）等，才能選擇最佳的建立方式。

圖 6-19 路由表的功能

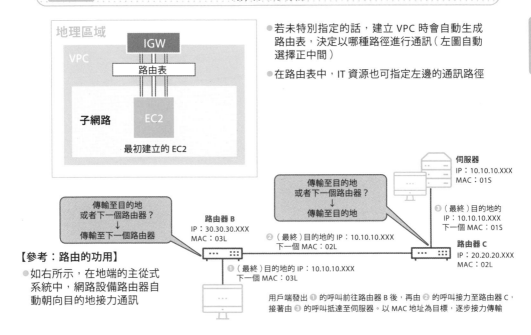

- 若未特別指定的話，建立 VPC 時會自動生成路由表，決定以哪種路徑進行通訊（左圖自動選擇正中間）
- 在路由表中，IT 資源也可指定左邊的通訊路徑

【參考：路由的功用】
- 如右所示，在地端的主從式系統中，網路設備路由器自動朝向目的地接力通訊

用戶端發出 ❶ 的呼叫前往路由器 B 後，再由 ❷ 的呼叫接力至路由器 C，接著由 ❸ 的呼叫抵達至伺服器。以 MAC 地址為目標，逐步接力傳輸

圖 6-20 建立 VPC 的三種方式

❶ 直接使用預設 VPC、後續自動新增的服務

❷ 對 ❶ 進行變更、新增內容

❸ 建立跟 ❶ 不一樣的 VPC

Point

∥ 以路由表決定子網路的通訊路徑

∥ 根據系統要求，選擇最佳的 VPC 建立方式

連線 VPC 與 S3

與 S3 連線的方法

如 **6-1** 所述，Amazon VPC 無法部署某些服務。**4-1** 的 Amazon S3 是具代表性的例子，該服務無法裝載至 VPC。

然而，S3 是相當好用的儲存服務，不少使用者仍希望與 VPC 串接使用。

VPC 連線本身不支援的服務時，需要使用 VPC 端點。將端點設定成 VPC 的出口，經由 AWS 內部連線本身不支援的服務（圖 6-21）。另外，也可先向外連至網際網路，來獲得連線 VPC 外部服務的路徑。

肯定有與 VPC 連線的手段

藉由 VPC 端點連線 EC2 與 S3 等 VPC 不支援的服務時，VPC 就不必刻意使用 IGW、NAT 閘道等。另外，VPC 端點會自動擴展調整，使用時不用顧慮細微設定、性能問題等。

由此可知，**在 VPC 與外網、不支援的服務之間，肯定有連線的手段或者服務**。由建立於 VPC 上的 EC2 服務來看，也是一樣的情況。雖然本書僅講解常見的核心服務，但在操作各項服務的時候，請務必記得「絕對有辦法連線」（圖 6-22）。

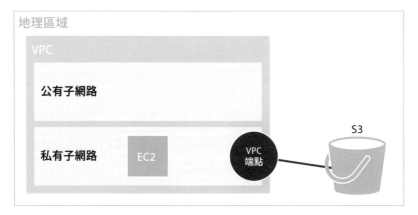

圖 6-21　VPC 端點的用例

EC2 連線 S3 的時候，設定 VPC 端點當作連線的出口

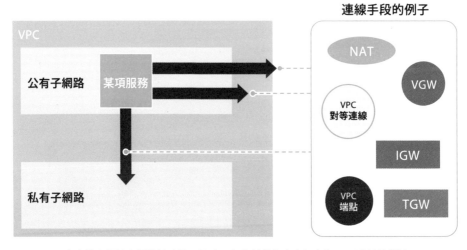

圖 6-22　絕對有辦法與 VPC 連線

連線手段的例子

本書僅介紹基本的連線功能、服務，但各種操作肯定都有與 VPC 連線的辦法

Point

⌇VPC 端點可連線 S3 等本身不支援的服務

⌇肯定有辦法讓 VPC 與外部資源連線

嘗試看看

閱覽操作指南～其二～

AWS 的官方操作指南皆稱為文件,可再分為使用者指南和開發人員指南。

本書前面主要是介紹使用者指南的內容。這邊來綜觀整個官方文件,在搜尋引擎輸入下列關鍵字。

搜尋引擎的輸入例子

```
AWS 文件                                          🔍
```

搜尋「AWS 官方文件」等關鍵字,第一個結果便是 AWS 文件的頁面。當然,也可直接訪問 https://docs.aws.amazon.com/zh_tw/index.html。

系統化整理的文件

在 AWS 文件的頁面,會按照領域有系統地整理內容。

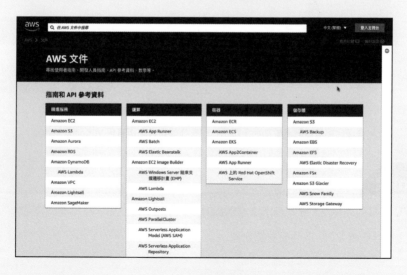

無論是以個別主題搜尋,還是由文件頁面尋找內容,都能找到相關資料。

使用 RDS 與 DynamoBD

～各種資料庫與分析服務～

≫ 利用系統中的資料庫

資料庫系統的基礎知識

本章將會解說 Amazon RDS 等資料庫服務。

在此之前，先來整理資料庫服務、系統架構的基礎知識。

在資料庫系統中，一般會**分成不同的伺服器**：應用程式伺服器（AP 伺服器）和資料庫伺服器（DB 伺服器）。即便是中型以上的網路系統服務，也經常看到結合網路伺服器和 AP 伺服器功能的 1 台，搭配 DB 伺服器共計 2 台伺服器，或者各 1 台共計 3 台伺服器的架構（圖 7-1）。當然，隨著存取人數增長，各伺服器也需要增加相應的台數。

之所以採用多個伺服器的結構，部分是為了讓伺服器專門發揮某項功能，但最主要的理由是安全防護，不允許沒有權限存取保管各種重要資料的資料庫。

在 AWS 資料庫建立執行個體

在 AWS 利用資料庫的時候，一般會如上述區分實體伺服器，**按功能建立不同的執行個體**。實際上，架構通常分成應用程式專用的 EC2 執行個體，與資料庫專用的執行個體（圖 7-2）。當然，使用者也可自行設定成一個 EC2 執行個體同時共存應用程式、資料庫，但如前所述，基於安全防護不建議如此配置。

不只是 AWS 服務，其他雲端業者、網際網路服務供應商等，也會建立資料庫專用的執行個體。

圖 7-1	資料庫系統的常見架構

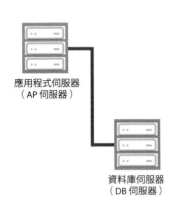

應用程式伺服器
（AP 伺服器）

資料庫伺服器
（DB 伺服器）

●一般會區分應用程式伺服器
與資料庫伺服器

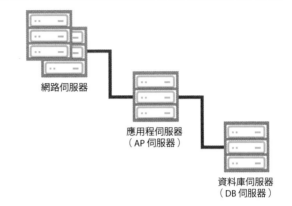

網路伺服器

應用程伺服器
（AP 伺服器）

資料庫伺服器
（DB 伺服器）

●按照功能區分，也有分出網路
伺服器的情況

圖 7-2	雲端業者、網際網路服務供應商的多個執行個體架構

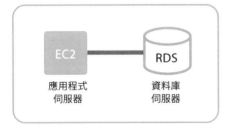

EC2　　　RDS

應用程式
伺服器　　　資料庫
　　　　　　伺服器

●結合應用程式專用執行個體（EC2）
與資料庫專用執行個體的架構

●ΛWS 還有 RDS（參見 **7-2**）等服務

●其他雲端業者、網際網路服務供應商，
亦採用同樣的架構

EC2

應用程式伺服器、
資料庫伺服器共存

●應用程式伺服器、資料庫伺服器共存

●一般不推薦如此配置

Point

∥資料庫系統一般會個別架設應用程式伺服器與資料庫伺服器

∥AWS 基本上也會區分應用程式執行個體與資料庫執行個體

» AWS 主要的資料庫服務

關聯式資料庫服務

Amazon RDS（Amazon Relational Database Service）是，**關聯式資料庫（RDB）的受管服務**。

在該服務當中，**可利用 Amazon Aurora、MySQL、PostgreSQL、MariaDB、Oracle、SQL Server** 等熱門的 RDB 引擎（圖 7-3）。

Amazon Aurora 是 Amazon 特有的關聯式資料庫，但可替換成 My SQL、PostgreSQL，其性能介於可免費使用的 MySQL、PostgreSQL、MariaDB ，與相對高價的 Oracle、SQL Server 之間。

受管服務的優點

相較於使用者自行於 EC2 執行個體安裝資料庫軟體，RDS 受管服務不需要下列作業（圖 7-4）：

● 安裝資料庫軟體

● 更新作業系統、資料庫軟體的修補程式

● 可用性（啟用功能時，可於其他可用區域待命）

● 備份資料庫（啟用功能時）

● 自動擴展調整（啟用功能時）

總結來說，**初期設定與後續監控相當輕鬆**。

需要注意的是，資料庫軟體會依事前設定的維護排程自動更新，可能會與其他軟體的執行環境發生衝突。

圖 7-3

圖 7-3 RDS 中的關聯式資料庫

- MySQL 是網站等的標準引擎；PostgreSQL 是企業常用的開源軟體

- Oracle、SQL Server 是地端企業的基礎資料庫軟體

- 在資料庫的建立頁面，可選擇引擎類型（參見 7-3）

圖 7-4 受管服務 RDS 的優點與注意事項

作業項目	RDS 的使用者
安裝資料庫軟體	選擇後自動安裝
更新作業系統、資料庫軟體的修補程式	自動套用修補程式，按照通知進行更新
可用性	啟用後自動執行
備份資料庫	啟用後自動執行
自動擴展調整	啟用後自動執行

- 由圖 7-3 的 6 個軟體之中選擇最適合的引擎後，RDS 就會自動進行安裝

- 啟動可用性後，會自動執行動作

Point

✐ Amazon RDS 是關聯式資料庫的服務，可利用 Amazon Aurora、MySQL、PostgreSQL、MariaDB、Oracle、SQL Server 等引擎

✐ 受管服務 RDS，資料庫的初期設定與後續監控相當輕鬆，是其優點

» 使用 RDS 時的相關設定

使用 RDS 前的準備作業

第 3 章、第 4 章解說了 EC2 和 S3 的案例研究。

相較之下，關聯式資料庫的門檻比較高。使用時，需規劃與其他服務的串接、使用情境與需求、原有系統的遷移等。使用 RDS 服務之前，需要下列準備作業（圖 7-5）：

● **選定資料庫引擎**

● **選定**資料庫執行個體

● **確認是否需要備份、提高可用性**

● **仔細檢查應用程式伺服器環境與安裝軟體**

● **VPC 等系統整體架構**

相較於地端部署、自行於 EC2 架設資料庫系統，RDS 可簡單完成選定、設定。

與 EC2 的相異之處

RDS 不同於 EC2 有專用的執行個體，**資料庫的專用執行個體可選擇基準效能、記憶體最佳化、高載效能**；儲存體為 SSD，並具有自動備份等特殊功能（圖 7-6）。

與 EC2 共通的功能有，Amazon CloudWatch 監控、自動擴展等。

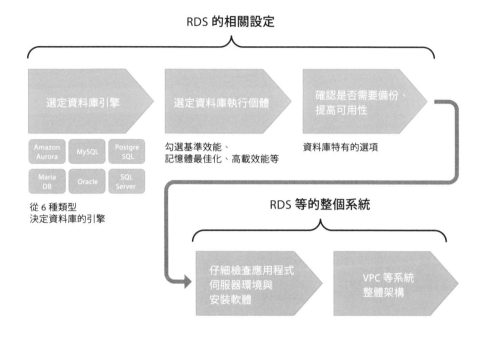

圖 7-5　利用 RDS 前的準備作業

RDS 的相關設定

選定資料庫引擎

Amazon Aurora　MySQL　Postgre SQL

Maria DB　Oracle　SQL Server

從 6 種類型
決定資料庫的引擎

選定資料庫執行個體

勾選基準效能、
記憶體最佳化、高載效能等

確認是否需要備份、
提高可用性

資料庫特有的選項

RDS 等的整個系統

仔細檢查應用程式
伺服器環境與
安裝軟體

VPC 等系統
整體架構

圖 7-6　RDS 執行個體類型與獨特功能

種類	概要	執行個體類型與型號
基準效能	均衡 CPU、記憶體等的執行個體	T2、T3 等類型；db.t2.micro、db.t2.large 等型號
記憶體最佳化	適用注重記憶體數量的執行個體	R5、R6 等類型；db.r5.large、db.r6g.large 等型號
高載效能	可因應瞬間超高負載的執行個體	T2、T3 等類型；db.t2.micro、db.t2.large 等型號

- 部分執行個體有不支援的資料庫引擎
- RDS 的儲存體基本上選擇一般用途、布建 IOPS 的 SSD

Point

✎除了選定資料庫引擎外，利用 RDS 前還有其他重要的準備作業

✎RDS 有資料庫專用的執行個體類型

≫ 使用 RDS 時的重要項目

自動指派連線的設定項目

建立資料庫專用的執行個體後，RDS 會自動指派名為資料庫端點的地址，與 EC2 等連線後顯示「database-awsnosikumi.xxxxxxxx.ap-northeast-1.rds.amazonaws.com」等完整網域名稱（FQDN：Fully Qualified Domain Name）。

資料庫端點是連線資料庫執行個體時所需的地址，EC2 等利用 RDS 的服務，經由特定的資料庫連接埠，連線目標地址後可執行關聯式資料庫的指令述句（圖 7-7）。

資料庫端點、資料庫連接埠是 **RDS 連線不可欠缺的要素**，建立、使用 RDS 時需要注意相關設定。

自行指定連線的設定項目

同樣重要的項目還有主要使用者名稱。該名稱是資料庫執行個體創建者、管理人員的任意名稱，連線時需要搭配使用者自訂的密碼。

另外，在 **3-12** 也有稍微提到，欲與 RDS 執行個體連線的特定 EC2 執行個體等，需於安全群組（參見 **9-4**）清楚輸入 IP 地址，以便定義安全連線（圖 7-8）。

到這邊為止，各位應該理解，**RDS 執行個體需要注意跟 EC2 執行個體不同的項目**。在建立、使用 RDS 的時候，需留意資料庫端點、資料庫連接埠、主要使用者名稱與密碼、連接對象等設定內容。

圖 7-7　FQDN 與資料庫端點的概念

顯示完整網域名稱的資料庫端點（本書的範例）

database-awsnosikumi.xxxxxxxx.ap-northeast-1.rds.amazonaws.com

參考資料：URL 網址範例

圖 7-8　安全群組的相關設定

例如，RDS 執行個體未定義安全群組：

若安全群組未定義允許連線，即便有 EC2 也無法連線

例如，RDS 執行個體有定義安全群組：

若資料庫引擎為 MySQL 的話，可定義允許 IP 地址 xxx.xxx.xx.xx 的 EC2 通過連接埠號 3306

IP 地址：xxx.xxx.xx.xx

Point

📝 資料庫端點、資料庫連接埠是 RDS 連線的重要項目

📝 RDS 執行個體需要留意跟 EC2 執行個體不同的項目

第 7 章　使用 RDS 時的重要項目

191

》 建立資料庫時的相關設定

RDS 的三個使用步驟

第 3 章、第 6 章分別示範了建立 EC2 和 VPC。

理解這些內容後，建立 RDS 時還要注意前面提及的項目。

詳細來説，RDS 可分為下列三個使用步驟。各步驟的要點如下：

❶ 建立資料庫（圖 7-9）：選擇引擎類型、身分驗證、執行個體類型、儲存體、VPC 與子網路、安全群組、備份維護

❷ **連線準備與連線**：對 EC2 安裝資料庫用戶端、確認來自 EC2 的連線

❸ **資料輸入與運用**：工具整備、資料整備

上述步驟中，以 ❶ 最為重要，但 ❷、❸ 也要事前準備。

要有資料庫用戶端才可連線

事前準備以 Session Manager（參見 **3-15**）、SSH 連接 EC2 執行個體，**安裝資料庫用戶端**後，再以連接資料庫的指令等進行確認（圖 7-10 上）。

實務上，資料庫完成後還要輸入資料，以適用資料庫引擎的工具來操作。例如，MySQL 是藉瀏覽器完成初期設定、資料表建立，故可使用 phpMyAdmin、MySQL Workbench 等（圖 7-10 下）。

圖 7-9　建立資料庫的概要

建立資料庫

- 選擇引擎類型 …… 圖 7-3
- 身分驗證（主要使用者名稱與密碼）…… **7-4**
- 選擇資料庫執行個體類型 …… 圖 7-6
- 儲存體（類型與容量）
- VPC 與子網路 …… **6-4**、**6-6**
- 安全群組 …… 圖 7-8
- 備份維護 …… 圖 7-4

常態意識 VPC

基本上，應用程式伺服器的 EC2 執行個體
與 RDS 執行個體，設置於相同的 VPC 上

- 步驟基本上與建立 EC2 執行個體相似
- 頂端有標準建立與輕鬆建立的選項，建議先過目輕鬆建立的最佳設定，再自行調整標準建立
- 主要使用者名稱與密碼相當重要
- 選擇已實作 EC2 的 VPC、公開存取勾選「否」，另外建立安全群組比較有助於理解後續內容

圖 7-10　連線資料庫執行個體的 EC2 執行個體端所需作業

準備連線

- 對 EC2 安裝資料庫用戶端
- 確認來自 EC2 的連線

以 MySQL 為例，在 EC2 端輸入下列指令：
```
sudo yum install mysql
```

以 MySQL 為例，在 EC2 端輸入下列指令：
```
mysql -h 端點 -p 連接埠 -u 使用者名稱 -p 資料庫名稱
```

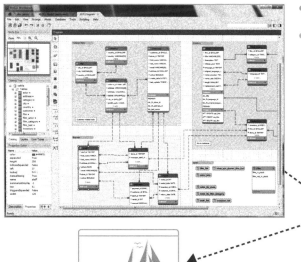

- MySQL Workbench 可設計、開發、管理資料庫
- 如圖所示、建立 ER 模型、設定伺服器、管理使用者、備份系統等，官方工具提供各種專業功能

- phpMyAdmin 是可以瀏覽器管理 MySQL 的工具
- 資料庫、資料表的建立編輯等，網羅了操作時的必要功能。若想要先行嘗試的話，推薦使用 phpMyAdmin

Point

🖊 從建立到操作資料庫，大致可分為三個步驟

🖊 切勿忘記安裝資料庫用戶端等事前準備

各種資料庫技術 ①
～關聯式資料庫與其他類型的資料庫～

過往的資料庫

說到地端業務系統的資料庫,通常會聯想 SQL Server、Oracle、DB2、Access 等 RDB。

RDB 相當於 Amazon 的 RDS 服務,又可稱為關聯式資料庫,以資料表、表格進行管理,藉定義彼此的關聯性來應付多樣的資料處理。其特色是當某個內容更新時,相關資料表的內容也會自動更新,透過連結、引用資料表來建立新的表格(圖 7-11)。

之後,利用 SQL(Structured Query Language:結構化查詢語言)等專用語言來操作資料。雖然可縝密管理資料,但工作原理卻相當複雜,難以迅速因應資料量的增長。

就近十年的趨勢而言,除了關連式資料庫外,亦會按用途、情況利用各種類型的資料庫。

現代的資料庫

近來,不使用 SQL 的 NoSQL(Not only SQL)類型逐漸抬頭。

NoSQL 分為 1 個鍵對應 1 個或者多個值、單純結構的鍵值儲存(KVS:Key-Value Store),與鍵對應文件資料的文件導向。如圖 7-12 所示,NoSQL 可隨著伺服器、磁碟的增加,由單純的架構擴展資料內容。

如同網路搜尋,NoSQL 得從大量資料中區別有無規則性,並找出相關的字詞、資料。雖然資料庫本身單純,但**即便資料暴增、條件籠統,也可從中找出關聯性的提示**。

AWS 的 Amazon DynamoDB(參見 **7-8**)支援 NoSQL 類型的資料庫。

圖 7-11 關聯式資料庫的概念

資料表（表格）1

部門編號	部門名稱
0001	總務部
0002→0012	經理部
0003	營業部

資料表（表格）2

職員 ID	姓　名	部門編號
100202	翔泳健太郎	0001
100203	鈴木美香	0002→0012
100204	伊藤理沙	0002→0012

● 在關聯式資料庫定義資料的關聯性
● 資料表 1 的部門編號更改時，資料表 2 的部門編號也會自動更改

圖 7-12 鍵值儲存、文件導向的概念

鍵值儲存的例子

資料表（表格）1

姓　名	部門編號
翔泳健太郎	0001
鈴木美香	0002
伊藤理沙	0002

資料表（表格）2

部門編號	部門名稱
0001	總務部
0002	經理部
0003	營業部

● 專門表達鍵（左）與值（右）的關係
● 若鍵＝0002，則表示經理部
● 各個資料表容易區分伺服器、儲存體
● 有 Redis、Riak 等鍵值儲存資料庫

文件導向的例子

{"jid"："100202"，"jname"："翔泳健太郎"，"bcd"："0001"，"bname"："總務部"}
{"jid"："100203"，"jname"："鈴木美香"，"bcd"："0002"，"bname"："經理部"}
{"jid"："100204"，"jname"："伊藤理沙"，"bcd"："0002"，"bname"："經理部"}

● 例如，搜尋 bname 含有經理部的 jname，結果顯示鈴木美香、伊藤理沙
● 有 MongoDB 等文件導向資料庫

Point

✎ 過往資料庫類型，通常為關聯式資料庫

✎ NoSQL 容易因應搜尋、資料暴增等情況

各種資料庫技術 ②
～全文檢索功能～

完全一致或者有無關聯性？

前面提到除了關聯式資料庫外，還有鍵值儲存、文件導向等各種類型的資料庫。

例如，如圖 7-13 左所示，鍵值儲存資料庫的鍵與值成雙成對，得搜尋當中的鍵才有辦法找到欲求的值。與此相對，在全文檢索的應用程式中，如圖 7-13 右所示，未必需要特定的鍵，也可由價格等字串找到欲求的值。

全文檢索是以任意字串為鍵，**檢索多個文件找出目標資料的功能**。此時，若是鍵值儲存等資料庫，會篩選與鍵成對的值，但全文檢索不是傳回完全一致的值，而是傳回高關聯性的值。Google 等搜尋引擎會從大量 HTML 文章篩選有關聯性的資料，兩者的工作原理相同。

藉由搭配全文檢索和資料庫軟體，可根據需求進行各種搜尋、資料分析。

結合全文檢索與資料庫軟體

就全文檢索應用程式而言，愈來愈多人利用 **Elasticsearch**。藉由搭配資料庫軟體，除了完全一致的資料外，也可搜尋高關聯性的資料。

圖 7-14 是線上日誌分析的系統架構，不僅 Elasticsearch，還有圖表顯示結果的 Kibana 等工具。

AWS 的 Amazon OpenSearch Service 是全方位管理 Elasticsearch 的服務，並且也支援 Kibana 等工具。

圖 7-13	鍵值儲存與全文檢索的差異

鍵值儲存得以 "翔泳健太郎"、 "0001" 等鍵進行搜尋

鍵

資料表 (表格)1

姓　名	部門編號
翔泳健太郎	0001
鈴木美香	0002
伊藤理沙	0003

鍵

資料表 (表格)2

部門編號	部門名稱
0001	總務部
0002	經理部
0003	営業部

全文檢索可按照設定情況, 根據目的進行搜尋

20220411

帳戶：SE，評價：4，評論：馬馬虎虎的味道
帳戶：星野，評價：3，評論：以價格來說味道普通
帳戶：マコ，評價：5，評論：想要再次訂購！
　：
　：　　　　　　　　　以「價格」
　　　　　　　　　　　檢索評論、文件

20220412

帳戶：オジマ，評價：4，評論：希望價位再低一些
帳戶：みさき，評價：5，評論：居家附近買不到
帳戶：貓，評價：4，評論：希望包裝再精美一些
　：
　：　　　　　　　　　以「價格」的同義詞「價位」
　　　　　　　　　　　檢索評論、文件

- 有 Elasticsearch、Apache Solr 等全文檢索應用程式
- 近年，關聯式資料庫也有新增全文檢索的功能
- 英文稱為 Full Text Search

圖 7-14	Elasticsearch 的日誌分析系統架構

虛擬伺服器上的日誌分析系統架構

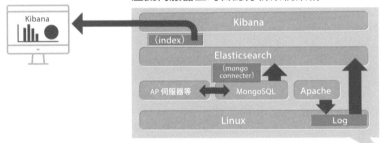

- Elasticsearch 是全文檢索應用程式，需要支援日文的「kuromoji」等分詞器
- 全文檢索是以字串為鍵，搜尋多個文件找出目標資料的功能，亦是搜尋引擎的基礎原理
- 對存放 MongoSQL、Linux 存取日誌的日誌資料夾，賦予 Elasticsearch 唯讀權限（ReadOnly）來讀取分析資料
- 將分析結果整理存成 Index 檔案（帶有檔案位置的索引）
- Kibana 會以圖表顯示 Index 的資訊

Point

🖉 全文檢索可由多個文件篩選有關聯性的資料

🖉 結合全文檢索應用程式和資料庫，可根據需求進行各種資料分析

使用 **DynamoDB**

NoSQL 資料庫的服務

在 AWS 當中，RDS 是關聯式資料庫的代表性服務，而 Amazon DynamoDB 是 NoSQL、鍵值儲存資料庫的代表性服務，適用非關聯式資料庫或者資料關聯性、運用情況不明朗的資料管理。

DynamoDB 是**全受管服務**，跟 RDS 不一樣，使用者不必建立資料庫專用的執行個體或安裝關聯式資料庫軟體，而是根據需求輸入、匯入資料，就直接呈現可使用的狀態。資料量變大時自動擴展調整，且會自動備份至地理區域內的多個可用區域（圖 7-15）。

DynamoDB 使用高性能的 SSD，可高速讀寫資料、用於各種應用程式。

建立資料表、項目

使用 DynamoDB 時，**第一步是製作資料表**。RDS 服務首先要決定資料庫引擎、執行個體，DynamoDB 已經完成這些操作，可如 **7-5** 的解說內容**輸入並利用資料**。

實際的流程是「建立資料表」→「建立項目」，接著再輸入資料（圖 7-16）。

DynamoDB 具備查詢（query）等基本的資料詢問、截取功能。例如，IAM 使用者設定成彼此共享 DynamoDB、資料表，就可以群組的方式利用資料庫系統。

圖 7-15 Amazon DynamoDB 與 RDS 的比較

	DynamoDB	RDS
資料庫	NoSQL、KVS	RDB、SQL
服務	全受管服務（不需建立執行個體或安裝資料庫軟體）	受管服務（需要建立執行個體及安裝資料庫軟體）
擴展	自動調整	手動或者自動調整
備份	自動備份至地理區域內的多個可用區域	異地同步備份等，含各種設定、選擇

※ DynamoDB 是全受管服務，使用門檻極低。

※ 雖然本章主要解說 RDS 和 DynamoDB，但其他還有高速簡易的資料倉儲 Amazon Redshift、記憶體內資料儲存服務 Amazon ElasticCache、圖形資料庫服務 Amazon Neptune 等，可從多樣服務選擇最適合的資料庫。

圖 7-16 建立資料表、項目

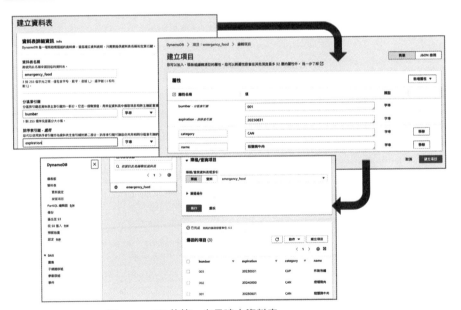

- DynamoDB 的第一步是建立資料表
- 決定並輸入資料表的重要索引鍵（分區索引鍵、排序索引鍵）
- 上述是急難食品管理（資料表名稱：emergency_food）的例子

Point

🖉 DynamoDB 有別於 RDS，是鍵值儲存資料庫的全受管服務

🖉 DynamoDB 可立即使用，第一步是建立資料表、輸入資料

繪製 AWS 的架構圖

第 3 章解說了 EC2、第 4 章解說了 S3、第 6 章解說了 VPC、第 7 章解說了 RDS,逐漸準備好架設基本系統所需的最低需求條件,接下來即可繪製 AWS 服務、系統架構圖。

這裡來討論腦中浮現的系統(AWS 通常將系統稱為工作負載)、地端運作的系統。

為了簡單起見,全部皆設定東京區域。參考第 3 章到第 7 章的內容,規劃線上〇〇系統、口口業務等,會更加貼近現實。

在地理區域設置了 1 個 VPC,參考下方 EC2 等圖示來繪製架構圖。

適當的繪製方式

規劃架構的時候,有如地理區域⇒可用區域⇒ VPC 等,由大箱子至小箱子依序檢討的方式,也有如 EC2 + RDS + VPC 等堆疊小箱子的方式。從各種角度切入最終皆得到相同的架構,是最理想的情況。

AWS 的先進服務

～先進技術與熱門服務～

第 **8** 章

» 使用無伺服器服務

DynamoDB、S3 搭配 Lambda 來使用

無伺服器環境是指，**使用者不需要考慮伺服器，或者不需要管理伺服器的環境**，不必顧慮架設伺服器相關的開通服務（provisioning）、擴展調整、分散負載、備份檔案等。AWS Lambda 無伺服器服務是 AWS 執行程式的場所。

Lambda 是以程式單位運作、執行的服務，對使用者來說，好比提供專用的虛擬應用程式伺服器，觸發事件時執行程式碼的機制。

Lambda 非常適合搭配 DynamoDB、S3 等服務。如 **7-8** 所述，DynamoDB 可讓使用者不用擔心伺服器、資料庫等各種作業與管理。藉由搭配自動擴展、監控的 DynamoDB、S3 等，即便不使用 EC2 等伺服器，也可架設系統（圖 8-1）。

輔助開發環境

實際使用 Lambda 的時候，需要編寫程式碼的知識技術。Lambda 支援 Python、Java、PHP、Go、Node.js、C#、Ruby、PowerShell 等常見的程設語言，與 AWS SDK（軟體開發套件）的函式庫（圖 8-2）。下一節會解說使用 Python 實作 Lambda 的例子，程式碼本身僅需最低限度的內容。不額外執行更多的程式碼，就不需要增加收費。

若想在 AWS 環境挑戰實用的程式設計，不妨先從搭配 Lambda 和 Python 開始嘗試。

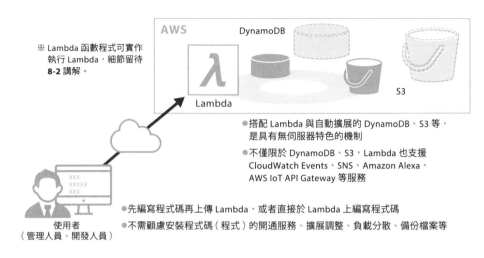

圖 8-1 DynamoDB、S3 搭配 Lambda

AWS

DynamoDB

Lambda

S3

※ Lambda 函數程式可實作執行 Lambda，細節留待 **8-2** 講解。

● 搭配 Lambda 與自動擴展的 DynamoDB、S3 等，是具有無伺服器特色的機制

● 不僅限於 DynamoDB、S3，Lambda 也支援 CloudWatch Events、SNS、Amazon Alexa、AWS IoT API Gateway 等服務

● 先編寫程式碼再上傳 Lambda，或者直接於 Lambda 上編寫程式碼

● 不需顧慮安裝程式碼（程式）的開通服務、擴展調整、負載分散、備份檔案等

使用者
（管理人員、開發人員）

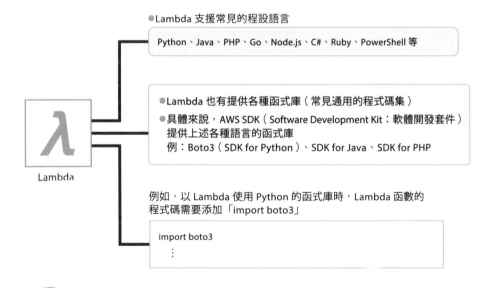

圖 8-2 Lambda 執行環境的概念

● Lambda 支援常見的程設語言

Python、Java、PHP、Go、Node.js、C#、Ruby、PowerShell 等

Lambda

● Lambda 也有提供各種函式庫（常見通用的程式碼集）

● 具體來說，AWS SDK（Software Development Kit：軟體開發套件）提供上述各種語言的函式庫
例：Boto3（SDK for Python）、SDK for Java、SDK for PHP

例如，以 Lambda 使用 Python 的函式庫時，Lambda 函數的程式碼需要添加「import boto3」

```
import boto3
   ⋮
```

Point

✎ 無伺服器環境指使用者不需要考慮伺服器，或者不需要管理伺服器的環境

✎ Lambda 是 AWS 的無伺服器服務

» **Lambda 的使用案例**

Lambda 的典型使用案例

前面解說了 AWS Lambda 的概念。AWS Lambda 會依事件執行程式，該程式又可稱為 **Lambda 函數**。

Lambda 的常用場景有，將檔案上傳 S3 當作觸發**事件**，自動執行 Lambda 函數（圖 8-3）。如前所述，Lambda 函數可使用 Python、Java、PHP 等常見的程設語言。

與 DynamoDB 搭配使用的時候，也有將 DynamoDB 新增項目（資料）當作事件，執行 Lambda 函數的操作方式。由於是以事件觸發執行，上傳圖片後製作縮圖等，亦適合用於網路應用程式的後端作業。

使用 Lambda 的時候

Lambda 雖然提供方便簡單的服務，但實際使用前仍然得先做好準備。例如，欲於 DynamoDB 以 Python 使用 Lambda 函數時，需要下列準備作業：

● 建立具有 DynamoDB 存取權限與 Lambda 執行權限的 IAM 角色

● 整備 Python 的執行環境

● 建立 Lambda 函數（圖 8-4）

除了留意建立 Lambda 函數外，也要記得**整備 IAM 角色、程設語言的執行環境**等。

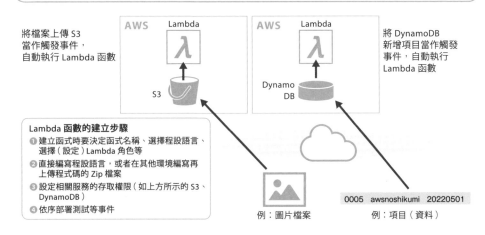

圖 8-3
Lambda 的代表使用案例

將檔案上傳 S3
當作觸發事件,
自動執行 Lambda 函數

將 DynamoDB
新增項目當作觸發
事件,自動執行
Lambda 函數

Lambda 函數的建立步驟
❶ 建立函式時要決定函式名稱、選擇程設語言、
   選擇(設定)Lambda 角色等
❷ 直接編寫程設語言,或者在其他環境編寫再
   上傳程式碼的 Zip 檔案
❸ 設定相關服務的存取權限(如上方所示的 S3、
   DynamoDB)
❹ 依序部署測試等事件

例:圖片檔案

0005　awsnoshikumi　20220501

例:項目(資料)

圖 8-4
Lambda 函數的建立例子

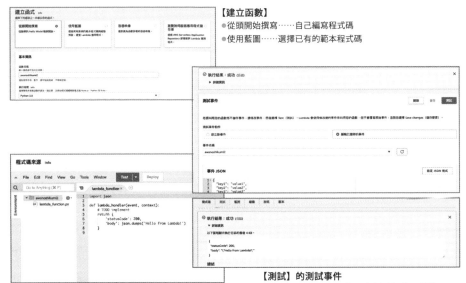

【建立函數】
●從頭開始撰寫……自己編寫程式碼
●使用藍圖……選擇已有的範本程式碼

在【程式碼】編寫腳本內容
●直接編寫內容,或者在其他環境編寫再上傳 Zip 檔案

【測試】的測試事件
●進行測試的例子……輸入測試名稱、相關變數
●執行結果:成功……可查看結果的詳細資訊

Point

✎Lambda 要藉由觸發事件來執行

✎Lambda 方便但得建立 IAM 角色、整備程設語言的執行環境

》 實作機器學習的服務

AI 的主要服務

Amazon SageMaker 是 AWS AI 的主要服務，**提供完整機器學習程序的全受管服務**，已經運用於大型企業、研究機構等。

該服務自帶內建演算法，如線性回歸、K 近鄰法、Word2Vec 等，網羅眾多的標準演算法模型（圖 8-5）。

執行機器學習的時候，通常會經歷架設開發環境、準備訓練資料的開發階段；以訓練資料建立模型的學習階段；在模型中處理所需資料的執行、推論階段。SageMaker 也會進行同樣的程序。

SageMaker 的架構

SageMaker 內有知名工具 Jupyter Notebook 的筆記本執行個體環境，可經由 Jupyter 建立訓練用執行個體，再於 S3 等保存訓練用資料和已學習模型。將內建演算法存於 ECR 的容器中，完成模型後執行推論（圖 8-6）。

實際嘗試建立 AI 時，架設開發環境、建構模型等相當耗費時間精力。然而，使用 SageMaker 不僅可順利處理這些程序，**本身還網羅各種標準的演算法，並明確提示接下來的架構與步驟，能夠自行完成全部流程**。對正在討論是否運用 AI 的企業組織來說，SageMaker 是相當適合的服務。

圖 8-5　　　　　SageMaker 提供的演算法

模型	演算法	用例
Linear Learner	線性回歸	分類、回歸等分析
XGBoost	XGBoost	分類、回歸等分析
PCA	主成分分析	維度縮減
k-means	K 平均法	聚類分析
k-NN	K 近鄰法	聚類分析
Factorization Machines	矩陣分解	推薦、分類、回歸
Random Cut Forest	robust random cot tree	偵測時序資料異常
LDA	生成式統計模型	主題模型
圖片處理	ResNet、SSD、FCN 等	分類、偵測圖片
自然語言處理	Deep LSTM、MTM、Word2Vec 等	契約生成、聲音辨識、結構化等
時間序列	Autoregressive RNN	預測機率時間序列
偵測異常	NN	偵測非法的 IP 地址

資料來源：參考自 AWS ＞文件＞ Amazon SageMaker ＞開發人員指南的資訊

圖 8-6　　　　　Jupyter Notebook 的架構

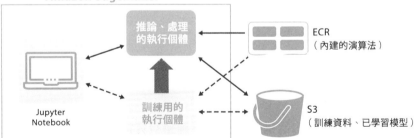

- Jupyter Notebook 是可線上利用 Python 等常見語言的工具
- 優點是本身已有開發與執行 AI 的環境
- 有趣的是相較於 EC2 等服務，AI 執行個體的處理時間比較久

Point

✎ Amazon SageMaker 服務可支援正式的機器學習

✎ SageMaker 有提供基本環境、標準演算法，比起自行準備，能夠更快實作機器學習

》 數位轉型的實踐指南

何謂數位轉型？

數位轉型的英文是 Digital Transformation，意指**企業組織運用數位科技改變經營方式**。數位技術是相對新穎的資通訊技術總稱，包含前面解說的內容，符合條件的技術如下（圖 8-7）：

- AI（Artificial Intelligence：人工智慧）
- IoT（Internet of Things：物聯網）
- AR（Augmented Reality：擴增實境）與 VR（Virtual Reality：虛擬實境）
- 網路技術
- API（Application Programming Interface）
- 區塊鏈

當然，雲端服務也可一併討論。

協助數位轉型的 AWS 服務

檢討落實數位轉型、導入數位技術的時候，需要注意是使用裝置端的前端技術，還是支援伺服器端的後端技術。AWS 屬於雲端服務，基本上是後端技術的服務，但亦有輔助前端技術的服務。

若將數位技術區分前端和後端，則可考量更多實際情況。**AWS 亦有針對數位轉型的指南，依各項技術提供相關的服務**（圖 8-8）。

圖 8-7　常見的數位技術

AI

IoT

雲端運算

AR/VR

網路技術

區塊鏈

API

圖 8-8　AWS 的後端數位技術

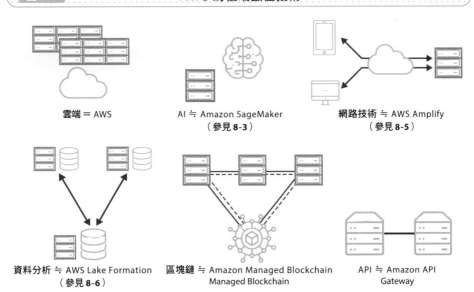

雲端 = AWS

AI ≒ Amazon SageMaker
（參見 8-3）

網路技術 ≒ AWS Amplify
（參見 8-5）

資料分析 ≒ AWS Lake Formation
（參見 8-6）

區塊鏈 ≒ Amazon Managed Blockchain
Managed Blockchain

API ≒ Amazon API
Gateway

※ **AWS IoT** 服務也有適用裝置的服務

Point

✏ 數位轉型，指的是企業組織運用數位技術轉型

✏ AWS 有協助數位轉型、導入數位技術等多樣服務

≫ 網路技術的競爭

由 Google 主導的領域

亞馬遜開發並推廣物件儲存；Google 藉 Kurbernetes 推進容器的實用化，兩者在雲端、IT 業界中，致力於追求先進的技術與服務。包含 AI、資料分析的競爭，雖然技術上有所不同，但整體而言是提供類似的服務。

其中，AWS 近年的發展看似遜於 Google，但提供了網路應用程式、行動應用程式的開發與服務環境。Google 本來就是 Android 等領域的佼佼者，整合 Firebase 後更鞏固其領導地位。

Google 的 Firebase 是相當有名的平台，提供先進網路應用程式、行動應用程式的開發與服務。使用者驗證、事件驅動函數、主機託管、資料庫、儲存體等，藉由串連這些功能，可於無伺服器環境完成部署。雖然也跟基本環境的整備、規模有關，但使用後可大幅減少專案的整體作業。

相對新穎的服務 AWS Amplify

AWS Amplify 是 AWS 自 2019 發布的新服務，提供的功能幾乎與 Firebase 相同（圖 8-9）。基於 AWS 過往的實際業績，Ampilfy 在短時間內逐漸獲得認可。不僅是 Firebase 與 AWS Amplify 而已，許多領域皆有彼此相互競爭的產品。

除了服務方面的差異外，其他特色還包括 **AWS 是登錄使用者即可建立各種服務，而 GCP 在使用前得先建立專案**（圖 8-10）。

圖 8-9

Google 的 Firebase 與 AWS Amplify

Firebase 前端技術

資料庫
(Firestore Database)

儲存體
(CloudStorage)

事件驅動函數
(Cloud Function)

使用者驗證
(Authentication)

主機託管
(Hosting)

網路、行動服務的使用者

AWS Amplify

※雖然 AWS Amplify
為後進者，但功能
比 Firebase 更加詳
盡充實

- Firebase 提供網路應用程式、系統所需的功能，彼此可互相串接
- 開發前先瞭解無伺服器環境 Firebase 的架構，可大幅減少準備作業
- 提供支援先進網路應用程式、行動應用程式的基礎設施
- Firebase 的功能和架構比 Amplify 單純，故以圖示來表達
- 左圖是兼具使用者管理的網路應用程式

- Authentication 等，提供幾乎與 Firebase 相同的功能
- 與 Firebase 相比，更加細分功能、區別 API
- 對 AWS 使用者來說，Amplify 可能比較容易操作

資料來源：「AWS Amplify で始める、
サクッとアプリ」
（網址：https://aws.amazon.com/jp/
builders-flash/202103/amplify-app-
development/。沒有中英頁面）

圖 8-10

AWS 與 GCP 的操作差異

GCP：先建立專案，
再設定服務和使用者

AWS：同時建立服務
和登錄使用者

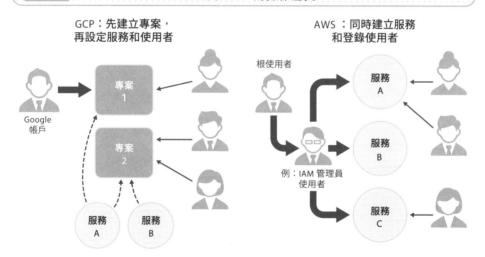

Google
帳戶

專案
1

專案
2

服務
A

服務
B

根使用者

例：IAM 管理員
使用者

服務
A

服務
B

服務
C

Point

- AWS Amplify 是適用網路應用程式的先進服務
- AWS 和 GCP 的操作方式有所不同

≫ 資料解決方案的進化

過去是將資料累積至 1 個 S3

資料湖是在雲端上累積結構化資料和非結構化資料的概念。**盡可能將資料以原始狀態存至巨大的儲存體，再根據需求取出資料，或者加工運用於分析、AI 等。**

隨著近年資料湖一詞普及，相關需求也跟著提高。以雲端作為系統的基礎設施後，逐漸降低導入資料湖的門檻。

如圖 8-11 所示，AWS 過去是將龐大的資料累積至便宜的 S3，再於需要時運用適合 SQL 分析的 Amazon Athena、適用資料分析的 AWS Glue 等。

如今是將資料置於兩個 S3

為了更加迅速支援資料湖，AWS 強化了 AWS Lake Formation 的功能。除了上傳資料的 S3 外，Lake Formation 還有資料湖專用的 S3（Data Lake Storage）。先於核心的 Lake Formation 標記、建立目錄，再如圖 8-12 保存於專用的 S3。

使用多個 S3 的架構是劃時代的新式用法。而對手 Google 的推薦方法，是將非結構化資料存於 Google Cloud Storage，結構化資料存於 BigQuery Storage。

資料湖的系統架構**今後也會依需求改變型態**，但當前的趨勢是使用多個大容量儲存體。

圖 8-11　　　　　　　　　　　AWS 過去的資料湖

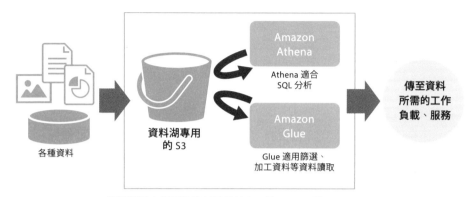

●資料湖過去提倡將資料累積於專用的 S3，再利用 Athena、
Glue 實踐解決方案

圖 8-12　　　　　　　　　AWS Lake Formation 的概念

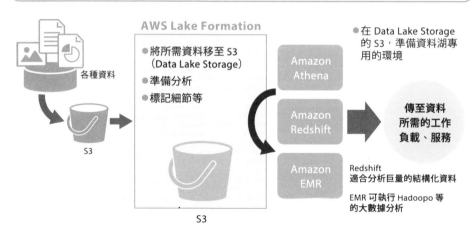

參考：GCP 建議於資料湖使用兩個大容量儲存體服務

| Google Cloud Storage（主要儲存非結構化資料） | BigQuery Storage（主要儲存結構化資料） |

Point

✐資料湖是以原始狀態累積各種資料，再根據需求來運用

✐AWS 資料湖將不斷推出新的解決方案

嘗 試 看 看

嘗試編寫程式碼

首先,請先遮住下半部的內容。操作起來有些困難,但可模擬體驗 **8-2** 中的 Lambda。思考看看 Python 的程式碼內容。

待做事項(S3的內容)

待做事項	讀取上傳至 S3 儲存貯體的文字檔案,顯示裡頭的內容
儲存貯體名稱	awsnoshikumi
資料夾名稱	folder1
檔案	message.txt
提示	匯入 boto3 函式庫、使用 def 函數編寫 20 行左右

※ 請參考 **4-5** 和 **4-6** 的內容

回答範例(由讀者附件下載zip檔案包,修改儲存貯體名稱等即可用於Lambda)

回答範例如下:

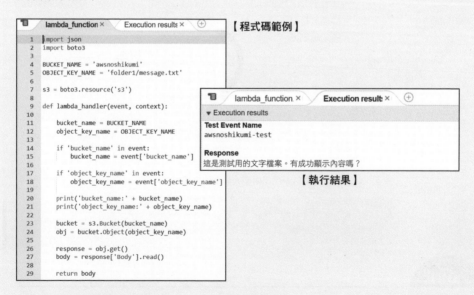

【程式碼範例】

```python
import json
import boto3

BUCKET_NAME = 'awsnoshikumi'
OBJECT_KEY_NAME = 'folder1/message.txt'

s3 = boto3.resource('s3')

def lambda_handler(event, context):

    bucket_name = BUCKET_NAME
    object_key_name = OBJECT_KEY_NAME

    if 'bucket_name' in event:
        bucket_name = event['bucket_name']

    if 'object_key_name' in event:
        object_key_name = event['object_key_name']

    print('bucket_name:' + bucket_name)
    print('object_key_name:' + object_key_name)

    bucket = s3.Bucket(bucket_name)
    obj = bucket.Object(object_key_name)

    response = obj.get()
    body = response['Body'].read()

    return body
```

Test Event Name
awsnoshikumi-test

Response
這是測試用的文字檔案。有成功顯示內容嗎?

【執行結果】

當然,只要可顯示檔案內容,皆是正確答案。

另外,若使用附件建立 Lambda 函數的話,請依自身的 AWS 環境修改儲存貯體名稱等。

安全與監控

~使用者、成本、安全、監控等的管理~

》 資訊安全的基本思維

AWS 和使用者共同分擔安全的模型

利用雲端的時候，資訊安全是重要的檢討項目。就安全的基本思維而言，AWS 提倡共同的責任模型。

共同的責任模型是指雲端的資料中心、網路、IT 設備等基礎設施，由提供服務的 AWS 管理；而服務上頭運行的平台、應用程式等，由顧客（使用者）負責（圖 9-1）。

基於上述的安全思維，為了防止各種攻擊，資料中心的所在地、規格等全數不公開。

使用者安全防護的主要項目

如圖 9-1 上半部所示，使用者端的安全防護有下列常見項目（圖 9-2）：

- **ID 與存取管理**：藉由 IAM 管理使用者和角色的定義、設定內容、存取權限
- **防火牆架設**：定義安全群組、各項服務的防火牆
- 資料加密：依服務個別加密

使用者需更加嚴格管理存取權限。除了管理存取日誌外，也強力推薦多重要素驗證（Multi-Factor Authentication）。另外，Amazon 也有建立、管理加密金鑰的 AWS KMS 服務。

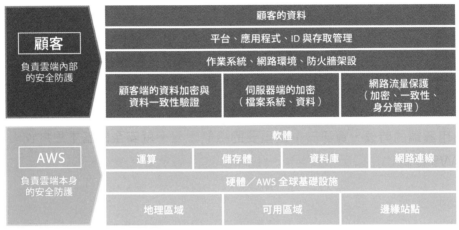

圖 9-1　共同責任模型的概念

顧客	顧客的資料		
負責雲端內部的安全防護	平台、應用程式、ID 與存取管理		
	作業系統、網路環境、防火牆架設		
	顧客端的資料加密與資料一致性驗證	伺服器端的加密（檔案系統、資料）	網路流量保護（加密、一致性、身分管理）

AWS	軟體			
負責雲端本身的安全防護	運算	儲存體	資料庫	網路連線
	硬體／AWS 全球基礎設施			
	地理區域	可用區域		邊緣站點

資料來源：AWS 網站「共同的責任模型」
（網址：https://aws.amazon.com/tw/compliance/shared-responsibility-model/?nc1=h_ls）

圖 9-2　使用者端的安全中心

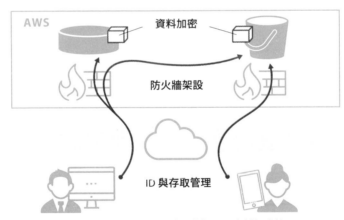

- 使用者端的安全措施主要有 ID 與存取管理、防火牆架設、資料加密等、需要更加嚴管存取權限
- 也強力推薦多重要素驗證（參見 **9-3**）等措施

Point

✎ AWS 採取共同的責任模型做為資訊安全的基本思維

✎ 使用者端主要有 ID 與存取管理、防火牆架設等安全措施

》 由使用者管理落實資訊安全

使用者管理的構成要素

1-8 解說了根使用者與 IAM 使用者；**4-7** 討論了 IAM 使用者的權限。在 AWS 的使用者管理，可區分更細瑣的權限來落實資訊安全。重新整理如下：

- **IAM 使用者**：例如，企業組織建立一個 AWS 帳戶後，為了由線索追蹤操作，採取一人使用一個 IAM 使用者，彼此不共用帳號。以使用名稱和密碼等登入 IAM 使用者。

- **IAM 政策**：以 IAM 政策定義各項服務的操作許可，並套用至 IAM 群組（圖 9-3 上）。

- **IAM 群組**：當 IAM 使用者的人數增加時，可建立 IAM 群組分類使用者，直接套用同樣的政策。

- **IAM 角色**：例如，將 RDS 的存取權限套用至 EC2，針對 EC2 等 AWS 服務賦予操作權限（圖 9-3 下）。

上述的 IAM 用語不要彼此混淆了。

事前規劃 IAM

各位讀者應該了解到，IAM 不是順便看看、走一步算一步，而**應該事前個別規劃並賦予權限**。基本上，IAM 的規劃需根據企業組織的 IT 政策、資訊安全政策等來決定。

圖 9-3　　　　　IAM 使用者、政策、群組、角色的差異

IAM 使用者

IAM01　　IAM02　　　　　　IAM20

例如，20 位成員使用一個 AWS 帳戶時，
建立 20 個 IAM 使用者

IAM 政策

S3　　　RDS

例如，「允許讀取 S3 的檔案」「允許存取RDS」
等，對 AWS 各項服務的操作許可

IAM 群組

例如，IAM01 ～ IAM10 等 10 人
「允許讀取 S3 的檔案」

- 「AWS 中的最佳實務」不推薦——
設定 IAM 政策，而建議直接套用
整個 IAM 群組

IAM 角色

EC2

例如，EC2 套用允
許存取 RDS 的 IAM
權限

圖 9-4　　　　　　IAM 需要事前規劃設定

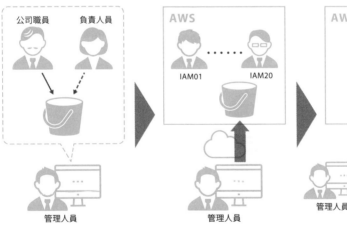

公司職員　　負責人員

AWS

IAM01　　　　IAM20

AWS

管理人員

- 管理人員事前規劃幹部職員可讀寫 S3、
負責人員僅可讀取 S3
- 根據服務、工作負載規劃

管理人員

- 管理人員依規劃建立 IAM 使用者、
服務，並套用 IAM 角色與政策等

管理人員　　IAM01　　　IAM20

- IAM 使用者按管理人員的建立
與設定來操作

Point

✎ AWS 的使用者管理結合了 IAM 使用者、IAM 政策、IAM 群組

✎ IAM 需要事前規劃並賦予權限

第 9 章

由使用者管理落實資訊安全

登入雲端的基本認知

利用智慧手機的驗證

AWS 等雲端服務推薦採用多重要素驗證（Multi-Factor Authentication：通稱 MFA），以防帳戶、使用者名稱、密碼遭到惡意第三人竊取時的**非法登入（進入 AWS 的主控台）**。

許多企業皆有導入多重要素驗證，除了職員本人的 ID 和密碼外，驗證使用者時還會利用 IC 晶片卡、生物驗證、智慧手機等業務電腦以外的裝置（圖9-5）。

例如，在智慧手機安裝雲端服務業者推薦的 App 後，登入 App 時會與驗證系統連動，要求在驗證頁面輸入已登錄裝置持有者才知道的資訊，防止非法使用者經由未登錄裝置登入。

AWS 的多重要素驗證

AWS 欲啟動多重要素驗證時，得從管理主控台右上角的選單，選取安全登入資料（Security credentials），來設定多重要素驗證的 MFA 裝置。**若選擇智慧手機的話，同時得下載對應的 App**。開啟 App，讀取 MFA 裝置設定頁面顯示的 QR 碼，再輸入之後顯示的資訊。確認設定的驗證資訊無誤後，即完成啟動步驟。

後續登入 App 時，除了使用者名稱、密碼外，還要輸入智慧手機顯示的資訊（圖9-6）。

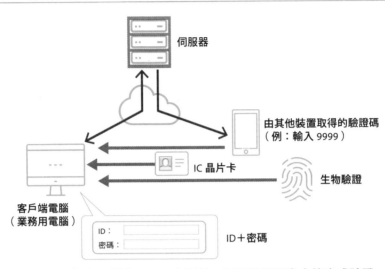

圖 9-5　多重要素驗證的概念

伺服器

由其他裝置取得的驗證碼
（例：輸入 9999）

IC 晶片卡

生物驗證

客戶端電腦
（業務用電腦）

ID：
密碼：

ID＋密碼

除了業務電腦輸入 ID＋密碼外，還要其他要素才能完成驗證

圖 9-6　在 AWS 使用多重要素驗證

智慧手機畫面

AWS 的 MFA 驗證頁面

Google 驗證系統

Amazon Web Services（nishimura）

108 493

aws

Multi-factor authentication

Your account is secured using multi-factor
authentication (MFA). To finish signing in, turn on
or view your MFA device and type the
authentication code below.

Email address: emiyahiro@hotmail.com tw

MFA code

Submit

Troubleshoot MFA

Cancel

- 智慧手機下載 App，並完成設定 MFA 裝置
- 除了圖 1-15 的登入頁面外，還會顯示 MFA 驗證頁面
- 輸入智慧手機顯示的 MFA 碼（驗證碼）
  （智慧手機 App 為 Google Authenticator）

Point

✎ AWS 等雲端業者推薦使用 MFA，以預防非法登入

✎ 以智慧手機利用 MFA 時，需要先下載對應的 App

≫ 虛擬防火牆功能

EC2 執行個體與 RDS 執行個體的基本安全認知

在 **3-12** 建立 EC2 執行個體、**7-4** 建立 RDS 執行個體時，皆有提到安全群組的設定。

安全群組是 **EC2 執行個體、RDS 執行個體等的虛擬防火牆功能**。所謂的防火牆，一般是指以內網與外網的界線管理通訊狀態，守護資訊安全的機制總稱。

AWS 不稱之為防火牆，而是在安全群組定義外網進入內網的傳入通訊、收訊，以及內網發送外網的外撥通訊許可與規則。存取管理的安全群組與 IAM，堪稱 AWS 的資訊安全基礎。

3-12 的 EC2 執行個體，允許使用者裝置進行 SSH 傳入通訊。而 **7-4** 的 RDS 執行個體，僅允許帶有特定 IP 地址的 EC2 執行個體連線指定的連接埠。兩者皆是僅允許特定 IP 地址的執行個體，經由存取、服務連線指定的連接埠（圖 9-7）。

每個子網路的資訊安全

安全群組可綁定 EC2 執行個體、RDS 執行個體，而**每個子網路**都有網路 ACL 功能。結合兩者來使用，可發揮穩固的防火牆功能（圖 9-8）。

圖 9-7　安全群組的概念

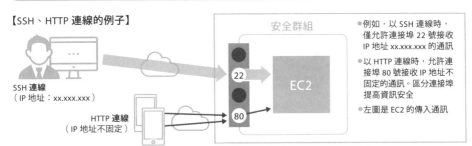

【SSH、HTTP 連線的例子】

SSH 連線
（IP 地址：xx.xxx.xxx）

HTTP 連線
（IP 地址不固定）

安全群組

22

80

EC2

- 例如，以 SSH 連線時，僅允許連接埠 22 號接收 IP 地址 xx.xxx.xxx 的通訊
- 以 HTTP 連線時，允許連接埠 80 號接收 IP 地址不固定的通訊。區分連接埠提高資訊安全
- 左圖是 EC2 的傳入通訊

【常見的連接埠號】

連接埠號	存取方式／服務	概　要	連接埠號	存取方式／服務	概　要
22	SSH	以 SSH 通訊	1521	Oracle Database	與 Oracle Database 通訊
80	HTTP	以 HTTP 協定通訊	1433	SQL Server	與 SQL Server 通訊
443	HTTPS	以 HTTPS 協定通訊	25	SMTP	郵件寄信
3306	MySQL	與 MySQL 通訊	110	POP3	郵件收信
5432	PostgreSQL	與 PostgreSQL 通訊	143	IMAP	郵件收信

圖 9-8　安全群組與網路 ACL

- 網路 ACL 好比子網路的安全群組
- 需要定義傳入通訊和外撥通訊。右圖是傳入通訊的例子
- 網路 ACL 可詳盡設定各子網路的安全群組
- 在右圖的例子中，網路 ACL 可進行 HTTP 和 HTTPS 通訊，但 EC2① 允許兩種通訊方式，而 EC2② 僅允許 HTTPS 通訊

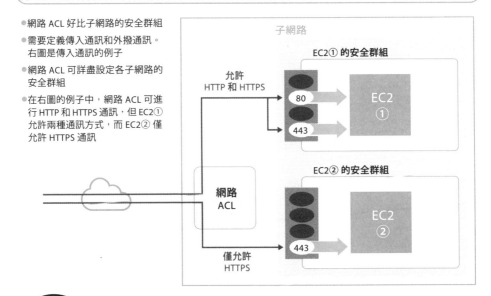

子網路

EC2① 的安全群組

允許
HTTP 和 HTTPS

80

443

EC2
①

EC2② 的安全群組

網路
ACL

443

EC2
②

僅允許
HTTPS

Point

✓ 安全群組是核心服務 EC2 執行個體、RDS 執行個體的防火牆功能，堪稱 AWS 的資訊安全基礎

✓ 網路 ACL 是各子網路的防火牆功能

追蹤操作線索

管理整個操作過程

就管理員的安全對策、事後措施而言，雲端服務內建操作履歷、管理操作線索等功能。AWS 有提供 **AWS CloudTrail** 服務，監管整個 AWS 帳戶的合規、運用與操作。企業的系統稽核等，也會利用 AWS CloudTrail 服務。

根據各種執行日誌建立線索，可知道事件的執行人和時間。 除了使用者使用的各種服務外，管理主控台、軟體開發套件、命令列工具等，所有呼叫 AWS API 的過程都會記錄下來，可確認使用者如何使用服務、是否存取未給予權限的資源、是否因使用者的操作而造成故障等（圖 9-9）。

基本上，IAM 就可操作存取管理，但 CloudTrial 還會確認是否遵守企業組織的合規、安全政策。**在有眾多使用者的企業組織，安全管理人員肯定會利用 AWS CloudTrail 服務。**

與 S3 儲存貯體連動

使用時跟其他服務一樣，由 AWS CloudTrail 主控台來建立線索。完成設定後，會自動建立保存履歷的 S3 儲存貯體，可查看建立後 90 天的事件履歷。如圖 9-10 所示，也可搜尋使用者名稱等關鍵字。

圖 9-9 企業組織使用 CloudTrail

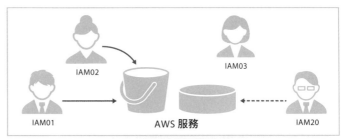

管理人員

●以方便查看的日誌，確認使用者的操作

●管理人員可於 CloudTrail 確認 IAM 使用者的服務操作日誌

●例如，「IAM03 超過 ○○ 天無操作紀錄，列為待刪除對象」、
「IAM20 常發生存取錯誤的情況，可能是非法存取」等

圖 9-10 CloudTrail 的用例

CloudTrail 的建立線索

搜尋特定的使用者名稱進行確認

●搜尋使用者名稱「nishimura」的例子

●可確認使用者 nishimura 正在操作 Lambda

●在 CloudTrail 的建立線索，輸入線索名稱完成設定

●儲存日誌用的 S3 儲存貯體需要收取費用

●欲於免費方案範圍內利用的人，建議在建立、
確認線索後，立即刪除S3儲存貯體等資料

Point

✐ AWS CloudTrail 能提供事件執行的人員與時間等相關資訊

✐ 對企業組織的安全管理人員來說，CloudTrail 是不可欠缺的服務

» 效能管理與運用

資源監控

前面介紹了管理人員常用的 CloudTrail 服務，此外還有另一個重要的服務 —— **Amazon CloudWatch**。CloudWatch 是監控 AWS 資源、AWS 應用程式等的服務。

EC2、RDS 的 CPU 與記憶體使用率；S3、Lambda 的利用情況等，皆可經由 CloudWatch 查看。在一般的系統管理業務中，CloudWatch **相當於效能管理、營運監控**。不僅可轉為容易理解的圖表，除了最大最小值、平均值外，1 分鐘、1 小時、1 天到 15 個月等，也可根據需求自訂時間範圍（圖 9-11）。

除了利用 CloudWatch 當作平時的資源監控，管理人員運用 AWS 服務時，也會搭配資源使用率超過閾值時發送通知的 CloudWatcch Alarm、可蒐集分析系統日誌的 CloudWatch Logs 等。

個人利用與組織利用的差異

本書解說了 IAM、EC2、S3、VPC、RDS、Lambda 等常見的 AWS 服務，個人當然也可利用這些服務。然而，企業組織利用的時候，還得注意 IAM 的設定、**1-10** 的 Cost Explorer 等成本、**CloudTrail、CloudWatch 等安全與監控**（圖 9-12）。

起初或許會因不熟悉而覺得困難，但仍建議讀者前往 AWS 頁面實際操作，親自體驗雲端服務的便利性、趣味性與厲害之處。

Amazon CloudWatch 的使用案例

CloudWatch 的概要

CloudWatch EC2 的例子

●列出了本書討論的服務

●自訂三個月範圍的 EC2 使用情況
●因只是試用，故變化幅度不明顯

個人使用與組織使用的差異

AWS

【個人也容易使用的服務】

【企業組織應該使用的服務】

成本	Cost Explorer
資訊安全	CloudTrail
效能監控	CloudWatch

EC2　S3　λ Lambda　RDS　VPC

●除此之外，AWS 還有各式各樣的服務
●IAM 是個人、企業皆應先留意的服務

●本書提及的 EC2、S3、VPC、RDS、Lambda 等，是個人使用者也容易利用的核心服務
●當然，個人也可如企業使用者考慮成本、資訊安全、效能監控等！

●企業組織利用時，需考量有關成本、資訊安全、效能監控的服務
●架構完善框架等，也應該盡可能地運用
●如第8章所述，也建議檢討先進技術的服務

個人使用者
或者試用者

企業使用者
或者管理人員

Point

✎ Amazon CloudWatch 相當於系統業務管理中的效能管理、營運監控

✎ AWS 是個人可使用的服務，組織使用時需考量資訊安全、效能監控

嘗 試 看 看

運用架構完善框架的審查

如 **2-7** 所述，AWS 架構完善框架以問答的形式，公開企業組織使用時重要的基本檢查項目，提供白皮書、審查表的 PDF 檔或者 Excel 檔。

這裡截取大分類中的安全性來審查。

正在使用 AWS 的人可實際對照確認，尚未開始使用的人不妨設想自己使用時的情況。

截自架構完善框架的 「安全性」

小分類	問題	回答
Identity and Access Management （身分與存取管理）	如何管理工作負載的驗證？	☐ 由根使用者設定多重要素驗證
	如何控制 AWS 的人為存取？	☐ 賦予最低限度的權限
基礎設施保護	如何保護網路設備？	☐ 僅允許最低限度的網路存取

實際的審查表約有 50 道問題，並且會適時地更新內容、問題數量。

利用架構完善框架

正式使用雲端服務的人，不妨隨時利用架構完善框架、審查表，建立或者改善 AWS 的工作負載。

用 語 集

[※「 ➡ 」後面是相關的章節]

A ～ C

Amazon CloudWatch (➡1-6 · ➡9-6)
用來管理 IT 資源效能、監控的 AWS 服務。

Amazon DynamoDB (➡7-8)
NoSQL、鍵值儲存資料庫的代表性服務，適合非關聯式資料庫或者資料關聯性、運用情況不明朗的資料管理。

Amazon EBS (➡3-7)
Amazon Elastic Block Store 的簡稱。搭配 Amazon EC2 使用的儲存體。

Amazon EC2 (➡3-1)
Amazon Elastic Compute Cloud 的簡稱。 AWS 負責運算的虛擬伺服器服務。

Amazon RDS (➡7-2)
Amazon Relational Database Service 的簡稱。關聯式資料庫（RDS）的受管服務。

Amazon S3 (➡4-1)
Amazon Simple Storage Service 的簡稱。可依各種用途從小規模擴展至大規模，具備高可用性、低成本的物件儲存服務。

Amazon SageMaker (➡8-3)
AWS AI 的主要服務，提供完整機器學習程序的全受管服務。

Amazon VPC (➡6-1)
Amazon Virtual Private Cloud 的簡稱。在 AWS 上實踐私有雲的基礎服務，定位為虛擬網路。

AMI (➡3-6)
Amazon Machine Image 的簡稱。初次建立或者新增伺服器時，Amazon EC2 中已設置的伺服器雛形。

Apache (➡3-16)
Linux 環境下最常使用的網路伺服器功能。

AWS (➡1-1)
Amazon Web Services 的簡稱。Amazon. com 提供的雲端服務。

AWS Amplify (➡8-5)
AWS 提供先進網路應用程式、行動應用程式的開發服務平台。

AWS CLI (➡4-9)
AWS Command Line Interface 的簡稱。可由命令列控制 AWS 服務。

AWS CloudTrail (➡9-5)
可監管整個 AWS 帳戶的合規、運用與操作的服務。

AWS Lake Formation (➡8-6)
AWS 的資料湖服務。

AWS Lambda (➡8-1)
以程式單位實作執行的服務。對使用者來說，好比提供專用的虛擬應用程式伺服器，觸發事件時執行程式碼的機制，是無伺服器服務的代表。

AWS SDK (➡8-1)
AWS 的軟體開發套件。

AWS架構完善框架 (➡2-7)
根據 AWS 業者的經驗，收錄重要的基本檢查項目等的文件。

AWS合作夥伴網路 (➡1-13)
參與 AWS 服務販售的亞馬遜合作夥伴企業。

AWS管理主控台 (➡1-2 · ➡3-5)
操作 AWS 的使用者頁面。

Azure (➡1-12)
微軟的雲端服務。

CIDR (➡6-5)
管理子網路的數值標記法。

Cloud Foundry　　　　　　　(➡5-6)
有關 PaaS 的開源基礎軟體。

D ～ K
DAS　　　　　　　　　　　(➡5-9)
Direct Attached Storage 的簡稱,與伺服器直接連線的儲存體。

DHCP　　　　　　　　　　(➡6-5)
Dynamic Host Configuration Protocol 的簡稱。指派 IP 地址的功能。

Docker　　　　　　　　　(➡5-7)
建立容器的軟體。

EBS磁碟區　　　　　　　　(➡3-7)
可根據系統需求,與 EC2 建立一對一、一對多架構。

EC2主控台　　　　　　　　(➡3-10)
EC2 專用的管理主控台。

Elasticsearch　　　　　　(➡7-7)
負責全文檢索、分析的開源軟體。

Fabric Network　　　　　(➡5-13)
藉由專用的交換器,將多個交換器整合成一個大型交換器。又可稱為 Ethernet Fabric。

Firebase　　　　　　　　(➡8-5)
Google 提供先進網路應用程式、行動應用程式的開發服務平台。

FSx for Windows　　　　(➡4-10)
Windows Server 的全受管檔案伺服器服務。

GCP　　　　　　　　　　　(➡1-12)
Google Cloud Platform 的簡稱。Google 的雲端服務。

Host OS型態　　　　　　　(➡5-7)
一種虛擬化技術。由虛擬伺服器存取實體伺服器時,經由主機作業系統容易發生效率降低的問題,但比 Hypervisor 型態容易釐清故障原因。

Hypervisor型態　　　　　(➡5-7)
一種虛擬化技術。實體伺服器的虛擬化軟體,運行上尚需搭載 Linux、Windows 等的客機作業系統(Guest OS)。由客機作業系統與應用程式組成的虛擬伺服器,運行上不受主機作業系統(Host OS)限制,故可有效率地運行多個虛擬伺服器。

IaaS　　　　　　　　　　　(➡5-1)
Infrastructure as a Service 的簡稱。雲端業者提供伺服器、網路設備、作業系統的服務,使用者得自行安裝中介軟體、開發環境、應用程式。

IAM Management Console　(➡4-7)
IAM 專用的主控台,用來新增建立使用者等。

IAM使用者　　　　　　(➡1-8 · ➡9-2)
以使用者名稱、密碼等進行登入,可利用 AWS 各種服務的使用者。

IAM角色　　　　　　(➡3-15 · ➡9-2)
針對 AWS 服務賦予操作權限的機制。

IGW　　　　　　　　　　　(➡6-7)
Internet Gateway 的簡稱。綁定、轉換公有 IP 地址和內網私有 IP 地址的功能。

ISP　　　　　　　　　　　(➡3-18)
Internet Service Provider(網路服務供應商)的簡稱。提供網際網路相關服務的業者。

Jupyter Notebook　　　　(➡8-3)
可線上利用 Python 等主要程設語言的工具。常用於資料分析、AI 開發等領域。

Kubernetes　　　　　　　(➡5-8)
調度管理容器的代表性開源軟體。

KVS　　　　　　　　　　　(➡7-6)
Key-Value Store 的簡稱。1 個鍵對應 1 個或者多個值、單純結構的資料庫。

L ～ W
Lambda函數　　　　　　　(➡8-2)
AWS Lambda 會依事件執行程式。

Linux　　　　　　　　　　(➡3-4)
開源軟體的代表性作業系統。

NAS　　　　　　　　　　　(➡5-9)
Network Attached Storage 的簡稱,可連線區域網路共享同一網路的多個伺服器。

NAT (➡6-7)

Network Address Translation 的簡稱。轉換網路地址的功能。

NAT閘道 (➡6-7)

由私有子網路連線網際網路的閘道

NoSQL (➡7-6)

Not only SQL 的簡稱。非 RDB 的資料庫，有 1 個鍵對應 1 個或者多個值、單純結構的鍵值儲存資料庫，以及鍵對應文件資料的文件導向資料庫等。

OpenStack (➡5-5)

當作雲端服務基礎的 IaaS 開源軟體。

PaaS (➡5-1)

Platform as a Service 的簡稱。除了 IaaS 外，亦提供資料庫等中介軟體、應用程式的開發環境。

RDB (➡7-6)

Relational Database 的簡稱。又可稱為關聯式資料庫，以資料表、表格進行管理，藉定義彼此的關聯性實踐多樣的資料處理。

SaaS (➡5-1)

Software as a Service 的簡稱。利用應用程式與其功能的服務，使用者僅有利用、設定應用程式。

SAN (➡5-9)

Storage Area Network 的簡稱，多個伺服器共享 SAN 磁碟。

SDN (➡5-12)

Software-Defined Networking 的簡稱，以軟體實踐網路虛擬化的技術。

Session Manager (➡3-15)

先於執行個體安裝 Agent，再由主控台直接連線執行個體的方法。

SLA (➡2-12)

Service Level Agreement 的簡稱，狹義指規定服務級別的協定；廣義指有系統地表達服務級別的作為。

SQL (➡7-6)

Structured Query Language 的簡稱，用來操作關聯式資料庫的語言。

SSD (➡3-7)

Solid State Drive 的簡稱。記錄於快閃記憶體，適用高傳輸速度、大量輸出入的處理。

SSH (➡3-12)

Secure SHell 的簡稱。細微步驟會因雲端業者網路服務供應商而異，SSH 是伺服器主流的安全連線方式，亦是外網連接伺服器的方法之一。利用 SSH 軟體指定連線裝置、IP 位址，轉換金鑰檔案來安全連線。

SSM Agent (➡3-15)

利用 Session Manager 時，執行個體安裝的軟體。

TGW (➡6-8)

AWS Transit Gateway 的簡稱。可如傳輸中樞般連結多個 VPC 與地端網路的功能。

VGW (➡6-8)

Virtual Private Gateway 的簡稱。專用線路、VPN 連線等封閉環境的通訊閘道。

VLAN (➡5-11)

Virtual LAN（虛擬區域網路 LAN）的簡稱，建立有別於實體連線的虛擬 LAN 網路技術。

VPC (➡5-3)

Virtual Private Cloud 的簡稱。在公共雲上實踐私有雲的服務。AWS 有提供 Amazon VPC 虛擬網路服務。

VPC端點 (➡6-11)

VPC 連線本身不支援的服務時所利用的功能。將端點設定成 VPC 的出口，連線 VPC 不支援的服務。

VPC對等互連 (➡6-8)

VPC 之間的一對一連線。

VPN (➡1-11)

Virtual Private Network 的簡稱，一種利用雲端時的網路連線方式。在網際網路上虛擬架設專用的網路，並於傳送資料的使用者與接收資料的雲端業者間建立虛擬通道，進行安全通訊。

Windows Server （➡3-4）

微軟提供的伺服器作業系統。

三劃～十劃

子網路 （➡6-4）

一般的網路系統，或者 Amazon VPC 中更進一步細分的網路。

內建演算法 （➡8-3）

Amazon SageMaker 提供的演算法，線性回歸、K 近鄰法、Word2Vec 等，網羅眾多的標準演算法模型。

公共雲 （➡2-8）

如同亞馬遜 AWS、微軟 Azure、GoogleGCP 等代表性雲端服務，向不特定多數企業組織、個人提供的服務。

公有子網路 （➡6-4）

經由網際網路連線，允許外部存取的公有網路。

公開存取 （➡4-8）

在網際網路上公開或者不公開存取。

文件導向 （➡7-6）

鍵對應文件資料的架構。

水平縮減 （➡3-3）

減少執行個體的數量。

水平擴展 （➡3-3）

增加執行個體的數量。

主要使用者名稱 （➡7-4）

資料庫執行個體創建者、管理人員的任意名稱。連線關聯式資料庫時，得搭配主要密碼。

主控台 （➡3-5）

系統管理人員操作的裝置。

可用區域 （➡2-3）

將 IT 資源邏輯地分成不同的組別，部署至多個區域的架構。

外撥通訊 （➡9-4）

EC2、RDS 等，由內網發送外網的許可與規則。

共同的責任模型 （➡9-1）

利用 AWS 時的基本安全思維。雲端的資料中心、網路、IT 設備等基礎設施，由提供服務的 AWS 進行管理；而服務上頭運行的平台、應用程式等，由客戶（使用者）負責。

地理區域 （➡2-2）

IT 設備實際存放的場所，日本國內分為東日本和西日本、東京和大阪等地區。

地端部署 （➡2-1）

自家公司持有 IT 資源，在自己管理的領地內部署運用的型態。

多重要素驗證 （➡9-3）

Multi-Factor Authentication，又可稱為 MFA。除了 ID 和和密碼外，驗證使用者時還會利用 IC 晶片卡、生物驗證、智慧手機等業務電腦以外的裝置。

多重雲 （➡2-10）

同時利用多個雲端服務。

安全群組 （➡9-4）

EC2 執行個體、RDS 執行個體等使用的虛擬防火牆功能。

災難復原 （➡2-11）

發生地震、海嘯等大型災難也能儘早恢復系統，或者避免災害發生的預防措施。

私有子網路 （➡6-4）

企業內部的私有網路。

私有雲 （➡2-8）

為自家公司建立的雲端服務，或在資料中心等架設自家公司的雲端系統。

物件 （➡4-8）

S3 中存放的檔案。因儲存體的特性而稱為物件。

物件儲存體 （➡5-10）

處理單位不是檔案或者區塊，而是物件的儲存體。在名為儲存池的容器裡建立物件，藉由特定 ID 與詮釋資料進行管理。

金鑰對 （➡3-12）

SSH 連線時當作金鑰的檔案。

預先簽章的URL　　　　　（➡4-8）

Amazon S3 儲存貯體、資料夾本身自帶的唯一 URL。

預設VPC　　　　　（➡6-6）

使用者的每個地理區皆有一個 VPC。

網路ACL　　　　　（➡9-4）

每個子網路設定安全規則的功能。

網路伺服器　　　　　（➡3-8）

提供平時瀏覽網站、網頁服務的伺服器。

彈性IP地址　　　　　（➡3-16）

AWS 指定的 IP 地址。除了網路伺服器外，也用於與外部系統的連動等。

數位轉型　　　　　（➡8-4）

Digital Transformation 的簡稱，企業組織運用數位技術力圖改革經營事業。結合表示數位技術的「Digital（數位）」與表示改革的「Transformation（轉型）」的複合詞。

調度管理　　　　　（➡5-8）

管理不同伺服器間容器的關聯性與運作。

隨需求定價　　　　　（➡1-9）

AWS 按每單位時間的需求來收費。

儲存貯體　　　　　（➡4-5）

Amazon S3 存放檔案、資料的容器。

儲存類別　　　　　（➡4-2）

依 Amazon S3 存取、效能區別的儲存體種類。

應用程式伺服器　　　　　（➡7-1）

專門提供應用程式功能的伺服器。

檔案共享服務　　　　　（➡4-3）

使用者於雲端上共享檔案的服務。

檔案儲存體　　　　　（➡5-10）

依檔案管理資料。利用於 NAS 等儲存體。

擴展調整　　　　　（➡3-3）

根據系統、應用程式的運行情況，變更虛擬伺服器的效能、數量。

二十二劃～二十三劃

權限設定　　　　　（➡3-17）

對伺服器的特定目錄、檔案等，設定讀寫、執行的權限。

邏輯架構圖　　　　　（➡2-1）

一種表達系統架構的示意圖，包含系統的設置場所、伺服器、儲存體、網路設備等 IT 資源。

索引

索引

作者介紹

西村 泰洋

富士通股份有限公司 Field Innovationy 總部的 Field 改革業務部長，主要參與數位轉型、數位技術相關的系統架設與商業事務，力圖向更多人傳達資通訊技術的趣味、改革力量。在 IT 入門網站 ITzoo.jp（https://www.itzoo.jp），也有親自解說 IT 基本概念與趨勢，並提供各種免費下載的素材。

著作有《圖解數位轉型的原理》、《圖解網路技術的原理》、《圖解伺服器的原理》、《物聯網系統專案的解說書》、《圖解 PRA 的工作原理》、《無線射頻識別＋電子辨識標籤系統導入與建構標準講座》（翔泳社）、《圖解雲端技術的原理與商業應用》（碁峰）、《圖解認識最新物聯網系統的導入與運用》、《數位化的教科書》、《圖解認識最新的 RPA》（秀和 System）、《成功的企業聯盟》（NTT 出版）等。

排版設計／相京 厚史（next door design）
封面插圖／越井 隆
DTP ／佐佐木 大介
　　　　吉野 敦史（i's FACTORY 股份有限公司）

圖解 AWS 雲端服務

作　　　者：西村泰洋
裝幀・文字設計：相京 厚史（next door design）
封面插畫：越井 隆
譯　　　者：衛宮紘
企劃編輯：蔡彤孟
文字編輯：詹祐甯
特約編輯：袁若喬
設計裝幀：張寶莉
發 行 人：廖文良

發 行 所：碁峰資訊股份有限公司
地　　　址：台北市南港區三重路 66 號 7 樓之 6
電　　　話：(02)2788-2408
傳　　　真：(02)8192-4433
網　　　站：www.gotop.com.tw
書　　　號：ACN037700
版　　　次：2023 年 02 月初版
建議售價：NT$480

國家圖書館出版品預行編目資料

圖解 AWS 雲端服務 / 西村泰洋原著；衛宮紘譯. -- 初版. -- 臺
　北市：碁峰資訊, 2023.02
　　　面；　　公分
　　　ISBN 978-626-324-415-3(平裝)
　　1.CST：雲端運算
312.136　　　　　　　　　　　　　　　　　112000651

讀者服務

● 感謝您購買碁峰圖書，如果您對本書的內容或表達上有不清楚的地方或其他建議，請至碁峰網站：「聯絡我們」\「圖書問題」留下您所購買之書籍及問題。(請註明購買書籍之書號及書名，以及問題頁數，以便能儘快為您處理)
http://www.gotop.com.tw

● 售後服務僅限書籍本身內容，若是軟、硬體問題，請您直接與軟體廠商聯絡。

● 若於購買書籍後發現有破損、缺頁、裝訂錯誤之問題，請直接將書寄回更換，並註明您的姓名、連絡電話及地址，將有專人與您連絡補寄商品。